Johann Beckmann

Physikalisch-ökonomische Bibliothek

21. Band

Johann Beckmann

Physikalisch-ökonomische Bibliothek
21. Band

ISBN/EAN: 9783744702065

Hergestellt in Europa, USA, Kanada, Australien, Japan

Cover: Foto ©berggeist007 / pixelio.de

Weitere Bücher finden Sie auf **www.hansebooks.com**

Physikalisch-ökonomische
Bibliothek
worinn von den neuesten Büchern,
welche die
Naturgeschichte, Naturlehre
und die
Land- und Stadtwirthschaft
betreffen,
zuverlässige und volständige Nachrichten
ertheilet werden

von

Johann Beckmann
Kön. Churfürstl. Hofrath, und ordentl. Profess. der ökonomischen Wissenschaften.

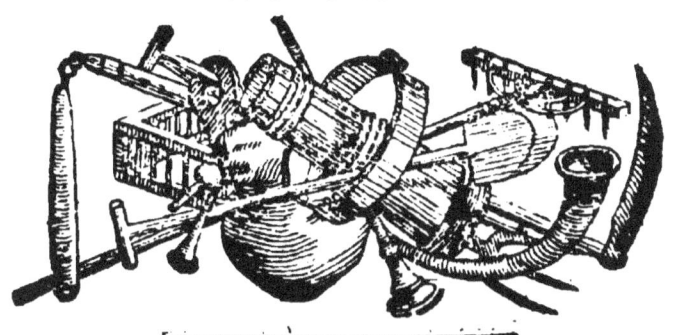

Ein und zwanzigster Band.

Göttingen,
im Vandenhoek- und Ruprechtschen Verlage 1803.

Inhalt

des ein und zwanzigsten Bandes vierten Stücks.

I. Pallas Bemerkungen auf einer Reise in die südlichen Stathalterschaften des Russischen Reichs. Zweyter Band. S. 461

II. Rumpell veterinarische und ökonomische Mittheilung von einer Reise. 474

III. Des Grafen von Podewils Wirthschaftserfahrungen. Erster Theil. 480

Johns

Inhalt.

Johnstons Abhandlung über das Austrocknen der Sümpfe. 486

IV. Anton Geschichte der teutschen Landwirthschaft. Erster, zweyter und dritter Theil. 488

V. Gotthard Cultur, Fabrikatur und Benutzung des Tobacks. 494

VI. F. B. Weber ökonomischer Samler. 498

VII. Das Ganze der Rindviehpest von B. Laubender. 504

VIII. Tableau de l'agriculture Toscane par Simonde. 508

IX. von Murr Beschreibung der vornehmsten Merkwürdigkeiten der Reichsstadt Nürnberg. 517

X. Die Kunst Tabellen zu fertigen. 522

XI.

Inhalt

XI. Humphry Marſhalls Beſchreibung der Landwirthſchaft in der Grafſchaft Norfolk. II. 526

XII. —— Beſchreibung der Landwirthſchaft in Yorkſhire, überſetzt von Gr. von Podewills. 529

XIII. P. Roux vom Einfluſſe der Regierung auf den Wohlſtand der Handlung. Erſter Theil. 535

XIV. von Richthofen Entwurf einer Ackerbau-Theorie. 542

XV. Dietrichs Apotheker-Garten. 549

XVI. Eſſai ſur les moyens de perfectionner les arts économiques en France. Par *Silveſtre*. 551

XVII. Begtrups Bemerkungen über die engliſche Landwirthſchaft. Erſter Theil. 555

XVIII. L. W. Medicus Samlung kleiner Abhandlungen. Erſtes Bändchen. 562

XIX.

Inhalt.

XIX. Des Grafen von Podewils wirthschaftliche Erfahrungen. Zweyter Theil. 564

XX. Völkers Preisschrift über die Frage: ob die Zahl der Meister einzuschränken sey. 572

XXI. Hermbstädt Grundriß der Färbekunst. 573

XXII. Mollenhauer Waid- und Schönfärber. 579

XXIII. Meyer Wegweiser zur Wahl eines Erwerbzweiges. 580

XXIV. Dietrich Lexicon der Gärtnerey. I. 581

XXV. Eiselen Anleitung zum Ziegelbrennen bey Torf. 584

XXVI. Schumanns Nachträge zu Schedels Waarenlexicon. 585

XXVII. — Waarenkunde. I. 587

XXVIII.

Inhalt.

XXVIII. Schröters Erfahrungen im Garten. 590

XXIX. Hoffmann Beschreibung und Abbildung einer Wagenwinde. 591

XXX. Beckmann Anweisung, die Rechnungen kleiner Haushaltungen zu führen. Zweyte Ausgabe. 593

XXXI. Beckmanns Grundsätze der teutschen Landwirthschaft. Fünfte Ausgabe. 595

XXXII. Beckmanns Anleitung zur Technologie. Fünfte Ausgabe. 597

XXXIII. Ernst Abbildung einer Maschine zum Einsümpfen der Braunkohlen. 600

XXXIV. — Abbildung einer Buttermaschine. 601

XXXV.

Inhalt.

XXXV. Beschreibung einer Maschine, sich von Höhen herunter zu lassen. 601

XXXVI. Erste Abbildung und Beschreibung eines Streichtisches zu Braunkohlenziegeln. 602

I.

P. S. Pallas Bemerkungen auf einer Reise in die südlichen Stathalterschaften des Russischen Reichs in den Jahren 1793 und 1794. Zweiter Band. Leipzig bey G. Martini. 1801. 525 Seiten in 4.

Die traurige Nachricht von der Kränklichkeit des Hrn. Staatsraths Pallas mußte nicht nur jedem Verehrer großer Verdienste, jedem Liebhaber der Naturkunde, sondern auch jedem Käufer dieses prächtigen Werks, Kummer verursachen, welcher nun durch den Abdruck des zweyten Theils wenigstens vermindert ist. Denn leyder! lieset man auch hier, daß die Gesundheit des H. W. noch nicht wieder gänzlich gebessert ist. Möchte er doch bis zum höchsten Alter die Früchte seiner Verdienste vergnügt genießen!

Der zweyte Theil dieses Werks, welches wegen seiner schönen ausgemalten Kupfertafeln in Teutschland wenige seines gleichen hat, fängt mit der Ankunft zu Perekop an, dem ersten Wohnplatze der eigentlichen Krym. Da diese nur durch die niedrige perekopsche Landenge mit dem festen Lande zusammen hängt, so ist es mehr als wahrscheinlich, daß sie ehemals, als noch das schwarze Meer höher stand, eine vollkommene Insel gewesen ist. Dieß scheint auch die merkwürdige Stelle des Plinius IV, 26 zu melden. Die Festung kan bey Unruhen der Tataren, welche noch nicht ganz zufrieden sind, oder wenn durch den Handel nach Constantinopel und Anatolien die Pest sich nach der Krym verbreiten solte, von der äußersten Wichtigkeit werden. Den ersten Winteraufenthalt nahm der Verf. zu Achmetschet, welche Stadt unter Russischer Hoheit wieder den alten Namen Symphoropol erhielt, der sich jedoch nun wieder zu verliehren scheint.

Man wird erwarten, daß Hr. P. geeilt hat, die natürliche Beschaffenheit der ganzen umliegenden Gegend zu untersuchen. Aber ich wage nicht viel davon auszuzeichnen, so wenig als von den vielen Bemerkungen, welche auf den verschiedenen Reisen von da ab nach den vorzüglichsten Gegenden der ganzen Halbinsel gesammelt sind. Meistentheils betreffen sie die Mineralien, die Beschreibung der Gebürge, die Abwechselung der Bergarten; ferner die geographische Lage der berührten Oerter. Nachrichten dieser Art müssen im Zusammenhange gelesen werden, und verliehren zu viel, wenn sie einzeln herausgerissen werden. Botanische Bemerkungen sind auch in diesem Bande selten; und alles was die politische Verfassung des Landes, dessen Alterthümer, Sitten, Produkte u. s. w. betrift, dergleichen Nachrichten den Reisebeschreibungen den meisten Beyfall zuziehen, findet man hier in der letzten Hälfte dieses Bandes zusammen gestellet.

Derselbe hat nun brey Charten von den durchreiseten Gegenden erhalten, welche, wie jeder vermuthen wird, zur Verbesserung der Geographie dienen. Man findet darauf den Zug der Gebürge und den Lauf der zahlreichen Ströhme angegeben; aber Schade ist es doch, daß diese Charten so gezeichnet sind, daß oben Süden und also Norden unten ist, wodurch die unentbehrliche Vergleichung mit andern Charten, ohne Noth und ohne einigen Nutzen, erschwert ist. Es verdient angezeigt zu werden, daß

H. P. die Beschreibung der Ufer des Schwarzen und des Asofschen Meers bey dem Strabo äußerst genau gefunden hat. Er hat oft auf Strabo verwiesen, und ein künftiger Ausleger desselben solte diese Vergleichung nützen. Griechische Alterthümer sind nicht selten, vorzüglich ist die Gegend um Sewastopol oder Achtiar ein wirklich classischer Boden, wo man fast bey jedem Schritte auf griechische Alterthümer stößt, wiewohl die meisten dadurch verlohren worden, daß die Stadt aus den Trümmern des alten Charrones erbauet ist. Hier sind verschiedene Inschriften und andere Gegenstände beschrieben, auch manche sind abgebildet; aber gewiß verdiente die Gegend noch eine besondere Untersuchung der Antiquarier. Auch griechische Münzen sind nicht selten, wovon die 9te Tafel verschiedene abgebildet hat. Manche Mauerwerke scheinen aus dem höchsten Alter zu seyn.

S. 97 lieset man eine schätzbare Nachricht von den Gruben, aus welchen der eigentlich so genante Keffe-kil erhalten wird, wovon mir H. Bergr. Hacquet ein Stück mit gebracht hat, als er den H. Pallas auf seinem Landgute in der Krym besuchte. Es ist ein vortreflicher Walkerthon, welcher dem besten englischen ähnlich ist.

ist. Sonst ward er in Menge nach Constantinopel gebracht, wo er in den Badestuben von den Weibern zum Waschen der Haare gebraucht ward. Nach der Russischen Eroberung hat diese Zufuhr aufgehört, und Constantinopel erhält jetzt eben eine solche Erde aus Anatolien. In der Krym liegt dieses Thonlager unter einem Kreitenmergel, und ist ungefähr eine Arschine mächtig. Die Tataren haben unzählige trichterförmige Schächte zur Gewinnung dieser Erde gemacht. In der Krym ist der Verbrauch gar gering; das Pfund kostet auf den Märkten 20 Kopeken.

Bey Erwähnung der mannigfaltigen Versteinerungen, welche die Kalksteine auch dort enthalten, äußert der V. Seite 21 die Vermuthung, daß die Linsensteine Aehnlichkeit mit dem innern Gewebe des Knochens eines Kuttelfisches, Sepia, haben, und daß sie wohl von einem solchen Beine, vielleicht einer Art Sepia oder Doris, entstanden seyn möchten. (Aber wie können denn in Ungarn und Palästina grosse Felder, welche sonst gar keine Versteinerungen haben, mit diesen Linsensteinen, Calx lenticularis Lin. besäet seyn?)

S.

S. 120 Beschreibung von Mankup, einer alten Genuesischen Stadt, welche die letzte Zuflucht der von der Küste vertriebenen Ligurier gewesen zu seyn scheint. S. 158 ist der Pflug beschrieben und auf dem achten eingedruckten Kupfer abgebildet, den einige Tataren in der Krym brauchen. Er ist ein sehr einfacher Haken, welcher an jeder Seite ein Streichbrett hat, und völlig demjenigen gleicht, welcher in Bündten im Gebrauche ist, wie das Modell, welches ich davon in meiner Samlung habe, beweiset. Auch den daselbst abgebildeten Holzschlitten habe ich in gebürgichten Gegenden gesehn. Nach S. 189 ist in manchen Gegenden der Boden so fruchtbar, daß man überall Roken und Gerste wild wachsend findet. Nach S. 209 werden die säuerlichen rothen Beeren von Rhus coriaria, dem eigentlichen Sumach oder Gerberbaum der Tataren, von Türken und Tataren in Fleischbrühen gebraucht, denen sie eine angenehme Säure geben. Diese Nachricht, welche auch Sestini bestätigt, s. Biblioth. XIV. S. 166. dient zur Erklärung der alten Kochkunst.

S. 261. Nachricht von Kaffa, dem vornehmsten Ort, welchen die Genueser in der Krym gehabt haben; und der zum Handel eine vortrefliche Lage hat. In der Bucht
von

von Theodosia sind gute Austerbänke. S.
265 von Arabat, der kleinen Festung am
Anfange der Erdzunge zwischen dem Siwasch
und dem Asoffschen Meere. Sie verschließt
dort den Eingang in die Krym. S. 283
von der Insel Taman. Ungemein merkwürdig sind die Berichte S. 311 und 316
von den Schlamausbrüchen, dergleichen auch
bey Baku vorkommen. Man sehe Müllers
Samlung VII. S. 337 und Kämpfers
amoenit. exot. p. 283. Dabey ertheilt
der V. die Warnung, nicht alle Mandel-
steine oder jede löcherige Bergart für vulca-
nisch zu halten. In dem hervorgedrunge-
nen und erhärteten Schlamme sieht man
eine Menge Blasen, welche durch die Gährung, in vitriolischen Thonschichten, entstanden sind. Der dort aus der Erde her-
vorgetriebene Schlamm, dessen Menge Erstaunen erregt, ist ein einförmiger blau-
grauer Thon mit feinem Glimmerstaube.

S. 345 folgen die algemeinen Anmerkungen über die Krymische Halbinsel, welche alle so lesenswürdig sind, daß eine Auswahl schwer wird. Zuerst die verschiedenen
Einwohner mit sehr genauen Abbildungen.
Ihre Kleidungen, die Schminke der Wei-
ber, wozu sie sich selbst einen Zinkalk berei-
ten, wie S. 353 beschrieben ist. Von den
ab-

ablichen Familien. Die milchweiſſen Mund-
ſtücke der Pfeiffenröhre aus Bernſtein ſind
dort ſo beliebt, als in der Türkey. Die
Pfeiffenköpfe ſind zierlich aus Thon gemacht.
Die Tatariſche Sprache, beſonders in Kaffa,
hat viele Genueſiſche Wörter, ſo wie auch
die Genueſer einige Tatariſche und Griechiſche Wörter in ihrem Dialect haben, wovon
hier S. 361 ein Verzeichniß eingerückt iſt.
Von den Speiſen. Butter wird durch
Schlagen bereitet, und in getrocknete Ochſen-
magen gefüllet. Ein ſtark berauſchendes
Bier aus Hirſenmehl. Brantewein aus
Zwetſchen, Schlehen, Kornelkirſchen, Hol-
lunderbeeren.

Boden und Clima ſind dort ſo vortreflich, daß ſich da die italiſche und griechiſche
Landwirthſchaft vereinigen lieſſe, wenn das
ſchöne Land eine beſſere Regierung und fleiſ-
ſige Bewohner hätte. Ein Verzeichniß der
dort gebaueten Pflanzen. Merkwürdig iſt,
daß dort nur der rundblätterige Toback,
N. paniculata, gebauet wird. Die Blätter werden im Herbſte nach und nach jung
abgenommen, im Schatten getrocknet und
alsdann unter Heuhaufen vergraben, da ſie
denn braungelb und dem türkiſchen Blätter-
toback ähnlich werden. Seſam und Baumwolle, auch Saflor werden noch nicht ge-
bau-

bauet. Der ungesunde Reisbau ist von der Russischen Regierung verbothen worden. Hibiscus esculentus wird viel gebauet, weil die Frucht den Genuß der Liebe vermehrt. Tartoffeln werden erst jetzt bekant. Die Möhren werden dort immer blasser, und zuletzt ganz weisse Wurzeln.

S. 401 Abbildung, wie das Getreide durch Pferde ausgetreten wird. Ausführlich vom Weinbau. Man hat dort mehr als 24 Arten, welche hier beschrieben sind. Der Weinstock verwildert dort leicht. Die Bereitung des Weins geschieht höchst nachläßig. Eine kleine sonst nicht bekante Raupe verwüstet die Knospen. Das Insekt gleicht der Sphynx statices. Auch Gryllus italicus, über welchen man auch in Spanien klagt, richtet unbeschreibliches Unglück an, so wie noch mehre Arten dieser bösen Gattung. Vögel, welche von Insekten leben, sind in der Krym selten, und so muß man die Vertilgung der Natur ganz überlassen. Der Rüsselkäfer, Curculio bacchus, ist dort nicht.

S. 440. von den Obstgarten. Das Oculiren ist unter den Tataren wenig bekant, aber sie haben eine Art zu pfropfen, welche H. P. sehr empfiehlt, nämlich in die

Wur-

Wurzel, fast eine Spanne unter der Erde. Dadurch werden gesundere Stämme erhalten, und das Pfropfreis macht mit der Zeit eigene Wurzeln. Verschiedene Birnen und Aepfel verdienten nach Teutschland verpflanzt zu werden. Mispeln werden dort auf Quitten gepfropft. Die Früchte werden in Fässern mit Wasser übergossen, da sie denn den Winter über gähren, und ein angenehmes weinsäuerliches Getränk geben. In den südlichen Gegenden wachsen Granate, Feigen, Oliven und Lorbeeren.

S. 447 von den Waldbäumen. S. 457 nutzbare wilde Pflanzen, vornehmlich diejenigen, welche die Griechen durch ihre Fasten zu benutzen veranlasset sind. Darunter sind auch die Wurzeln von Hordeum bulbosum (*) genant, auch die Schößlinge von Crambe orientalis, welche fast mit Broccoli überein kommen. Wo der Boden nur etwas salzig ist, da wächst Atriplex laciniata, aus welcher die Griechen Soda brennen, und solche nach Constantinopel versenden.

S.

(*) Diese Pflanze hat H. Mehler unter den Gerstenarten als Getreide aufgeführt, wie in meinen Grundsätzen der Landwirthsch. S. 176. angezeigt ist. Die Benutzung dieser Gerste verdiente eine genauere Untersuchung.

S. 461 von zahmen und wilden Thieren. Das zweybuckliche Kameel, hier T. 24. abgebildet. Es ist nicht selten weiß und weißgelblich, selten schwarz. Aus der Kameelwolle machen die Tatarinnen ein schmales, warmes, weiches, leichtes Tuch, welches ungefärbt gebraucht wird. Unter den Schafen ist die graue hier abgebildete Raße merkwürdig, wovon die grauen Lämmerfelle erhalten werden, von welchen in manchen Jahren mehr als 30000 Stück über Perekop, größten Theils nach Polen, gehn. Von schwarzen Lämmerfellen gehen jährlich über 50 bis 60000 Stück aus der Krym. Die feine weiche Wolle der Gebürgschafe ging sonst viel nach Frankreich. Die Halbinsel verschickt auch jährlich über 20000 Hasenfelle. Ungeachtet der vielen Nüsse und Eicheln giebt es doch keine Eichhörner. Unter den Fischen ist Mugil cephalus (Pelamys des Strabo) der gemeinste. Aus seinem Roggen wird der so genante botargo bereitet.

S. 477 von den Salzseen, welche eine ungeheure Menge Salz für den auswärtigen Handel liefern. Bey manchem Salze ist der bekante Violengeruch merklich, welcher, wie H. P. Seite 457 sagt, immer ein unreines Salz andeutet. S. 489 von

Fa

Fabriken. Zu den besten Saffianen, welche den türkischen nichts nachgeben, werden nur Bocksfelle genommen. Man erhält hier auch einige Nachricht von der Zubereitung, welche der in Astrachan gebräuchlichen in Gmelins Reise II. Seite 165 beschriebenen Weise gleich ist. Nach S. 492 geben die Haufen weggeschütteter Asche von Misttorf, worauf sich die Schafe oft lagern und ihren Harn lassen, viel Salpeter. Zwanzig Ocka Erde soll ein Ocka Salpeter geben, und zwar ohne den geringsten Zusatz von Laugensalz. Uebrigens kan der Handel der Krym, bey der geringen Industrie und bey dem Mangel reicher Kaufleute, noch wenig bedeuten. Die Schiffart des schwarzen Meeres ist im Winter ganz geschlossen, so daß kein Schiff vor der Tag- und Nachtgleiche im Frühlinge aus dem Canal von Constantinopel auszulaufen die Erlaubniß hat. Die Ursachen sind die Stürme, dichter Nebel und das Gefrieren der Segel und Taue. So schaft denn der Umstand, daß die Krymschen Häfen im Winter offen sind, keine Vortheile.

Die Rückreise nach St. Petersburg ist nur kurz erzählt; jedoch ist sie merkwürdig wegen der Nachricht von der Stadt Koslof und von Cherson, wo in der Festung das obeliskenförmige Monument des Prinzen von

Wür-

Würtemberg steht. In der Kirche liegt Fürst Potemkin begraben.

Die Anzahl der Kupfertafeln, welche halbe Bogen sind, ist 23, wozu denn noch 14 eingedruckte ausgemalte Zierbilder oder Vignetten kommen. Alle sind sehr schön. T. 1. Prospect der Perekopschen Pforte, des Eintritts in die Krym. T. 2. die Stadt Bachtschisarai, mit den Chanischen Palläsen und Begräbnissen. T. 3. Aussicht des Hafens und der Stadt Achtiar. T. 10. ein Arnaub mit seinem Weibe. T. 12. zwey Gebirg-Tataren von widerlicher Gesichtsbildung. T. 14. die Ueberbleibsel der Stadt Theodosia oder Kaffa. T. 19. Specialcharte der merkwürdigen Insel Taman, auch so gezeichnet, daß oben Süden ist. T. 20:23. Tataren, auch Mursen oder Edelleute, ganz nach der Natur gezeichnet. — So selten ein Geschichtforscher meine Bibliothek ansehen mag, so will ich doch auf diesen Fall noch anzeigen, daß der auf Taman gefundene berühmte Marmor, mit der uralten russischen Inschrift, dessen genaue Abbildung neulich Hr. Hofr. Schlözer in den russischen Annalen I. S. 278. vermisset hat, hier von H. Pallas S. 298 genau beschrieben, und auf dem neunten Zierbilde S. 184. genau abgebildet ist.

II.

II.

Veterinarische und ökonomische Mittheilung von einer Reise durch einige Provinzen Teutschlands, Hollands, Englands, Frankreichs und der Schweitz aus dem Nachlasse des Georg Ludwig Rumpelts, Profeſſ. der Vieharzneykunde zu Dresden; herausgegeben mit Anmerkungen vom Commiſſionsrathe Riem. Dresden 1802. 304 Seiten in 8.

Hr. Rumpelt hatte sich schon, als er noch Hofchirurgus in Dresden war, durch verschiedene Ueberſetzungen mediciniſcher Schriften und durch eigene Aufſätze über die Vieharzneykunſt, rühmlich bekant gemacht. Er ward hernach Profeſſor an der Vieharzneyschule bey Dresden, welche er durch seine Kentniſſen und seinen treuen Unterricht bald in die Zahl der vorzüglichſten Anſtalten dieser Art erhob. Als Lehrer erhielt er im Jahre 1779 den Befehl, zur Erweiterung seiner Kentniſſen, eine Reise zu machen, auf welcher auch ich hier das Vergnügen hatte, ihn kennen zu lernen, und zwar

zwar als einen Mann, welcher unablässig bemühet war, seine vielfachen gründlichen Kentnissen immer noch zu vermehren, und welcher dabey eine löbliche Bescheidenheit und Offenheit besaß, wodurch er leicht eines jeden billigen Mannes Freundschaft gewinnen konte. Auf dieser Reise hatte er seine vornehmsten Bemerkungen in ein Tagebuch gebracht, welches er herauszugeben dachte. Aber er starb zu früh, und seine Haudschrift wäre wahrscheinlich ungedruckt geblieben, wenn nicht H. Riem die Ausgabe übernommen hätte, dem man also dafür Dank schuldig ist. Denn wer Landwirthschaft, vornehmlich die Vieharzneykunst liebt, wird diese Bogen nicht nur mit Vergnügen, sondern auch mit Nutzen lesen; obgleich manches, was man darin findet, sich in den letzten stürmenden Jahren gar sehr geändert hat, auch manches gewiß nicht ganz so war, als der V. es, auf seiner schnellen Reise, zu sehen meinte.

In Cassel sah er die vermeintlichen Jumars welche aus Piemont für 700 Thlr. angeschaft waren. Auch H. Rumpelt erkante sie für wahre Maulesel, und leugnet die fruchtbare Begattung des Rindviehes mit Pferden. Die Gebäude zu dem Solinger Gestüte fand er sehr fehlerhaft, und

des

des Prizelius Nachricht vom Senner Gestüte sehr ungetreu, wie auch schon andere angemerkt haben. An den sel. Kersting zu Hannover fand der V. seinen rechten Mann, den er nicht genug zu loben weis. Einen großen Theil seiner Unterredungen über veterinarische Gegenstände findet man hier aufgeschrieben, und auch sie rechtfertigen die Verwunderung über die Kenntnissen eines Mannes, welcher, aus einem gelernten Grobschmid, durch eigenen Fleiß, sich zum Gelehrten umgebildet hatte. Er war 26 Jahre Roßarzt in Hessischen Diensten gewesen, hatte aber nie mehr als 200 Thlr. Da verließ er ohne Abschied zu nehmen Cassel, und folgte dem Rufe nach Hannover, zu einer Lehrstelle an der Vieharzneyschule mit 800 Thlr. Besoldung. Er starb daselbst den 2. May 1784. In Hannover sah H. R. die weißgebohrnen Kutschpferde, welche schwarze Epidermis, schwarze Augen und Nase, schwarze Hufe und schwarze Vorhaut hatten. S. 53 muß man Hoyaische stat Hagische lesen. Nach S. 65. hielt damals Kersting noch die so genanten Franzosen des Rindviehes für eine Krankheit. (*) Was der V. nach S. 67 in einem

(*) Jetzt ist das Gegentheil hinlänglich bewiesen. Zu den Schriften, welche ich darüber

nem Garten bey Hannover für Reis angesehen hat, ist gewiß nicht Reis gewesen; Unbotaniker geben bekantlich diesen Namen mancher Getreidearт.

Von der Behandlung der Kühe in Holland ist hier manches erzählt worden, was vielleicht andere als Kleinigkeit übersehn haben, und doch nützlich ist. Auch dort läßt man die Kälber nicht saugen, sondern zieht sie mit abgerahmter Milch auf. Der V. hörte, daß zur Raffinerie des Borax nichts weiter als Milch und Kalk, und zur Kampherraffinerie nur Seewasser nöthig sey. S. 102 allerley Meynungen und Bemerkungen der Holländer über die Rindviehseuche.

S. 115 Nachrichten von dem Thiermaler Stubbs, dessen Anatomy of horses in Fol. wohl jetzt das schönste Werk dieser Art ist. Stubb hatte die berühmtesten Eng-

über neulich in meiner Landwirthschaft S. 594. genant habe, gehören noch folgende, welche mir von H. Hofmed. Hansen angezeigt sind: Graumann im Diätetischen Wochenblatte 1783. 3. 41 und 321. (Wichmann) in Hannover, Magazin 1787. St. 87. Scherf in Archiv der medicinischen Polizey 3. S. 331. u. 4. S. 157.

Englischen Beschäler und Renner gemalt, aber er forderte für ein gemaltes Pferd 50 bis 60 Guineen, wie man wenigstens S. 116 liefet. S. 121 manche gute Bemerkungen über den englischen Bau der Futterkräuter. Der Kleesaamen ward damals aus Teutschland verschrieben, wo, nach H. Riems Erinnerung, der Kleebau älter als in England ist. Die Pferdezucht sey jetzt in England in Verfall, wovon hier die Ursachen angegeben sind. So viel auch schon von der englischen Schafzucht bekant ist, so findet man hier doch manches, was sonst wohl nicht vorkömt, und dieser Abschnitt verdient besonders empfohlen zu werden. Drehende Schafe sind dort seltener. Schon Beal habe bey solchen Würmer im Gehirn gefunden. Aber wenn dieser John Beal seyn soll, von welchem im Jahre 1675 Aufsätze in den Philos. trans. stehn, so haben wir freylich schon viel ältere Erwähnung dieser Würmer.

S. 200 von der Landwirthschaft in Flandern, wo man nichts mehr von der Brache weis. Der Bauer hat wenig Land, und benutzet es deswegen wie Garten. Die Vieharzneyschule auf dem Schlosse Alfort bey Charenton fand der V. in schlechtem Zustande. Chabert, dessen Schriften doch über-

überſetzt ſind, war ein unwiſſender Schmid, der gelehrte Kentniſſen verachtete. Die Schilderung deſſen, was der V. da geſehn hat, iſt ein neuer Beweis, wie leicht ſich die Teutſchen durch die Pralereyen der Franzoſen verführen laſſen, etwas für groß zu halten, was doch oft ohne allen Werth iſt. Nie, ſagt er S. 222, werde ich jemanden rathen, der Vieharzneykunſt wegen nach Frankreich zu reiſen. Hannover behält bey mir auch jetzt noch den Vorzug. Die Franzoſen verdienen nur Dank, weil ſie gute Schulen veranlaſſet, und die Kunſt der Verächtlichkeit entriſſen haben. Eben ſo elend fand er die von Bourgelat geſtiftete Schule zu Lyon.

Die Rückreiſe des V. ging durch einige Theile der Schweitz, wo jedoch die Ernte an Bemerkungen nicht groß geweſen zu ſeyn ſcheint. Aber bey der Schilderung der Lebensart der Schweitzeriſchen Landwirthe, welche der V. ſo glücklich pries, wie ſie es denn auch in Wahrheit waren, kan man ſich der Traurigkeit nicht erwehren, wenn man bedenkt, wie unglücklich die Franzoſen dieſe ſchuldloſen Menſchen gemacht haben. — S. 273 iſt einer Einrichtung zu kurz erwähnt worden; ich will ſie anzeigen, um dadurch vielleicht einen andern Reiſenden zu einer volständigern Nachricht zu veranlassen. Der V. sagt: viele Appenzeller haben unter ihren Ställen Gruben nach Norden zu angebracht, worin sie mit Vortheil Salpeter zeugen. S. 278 einige Nachricht von der Schäferinnung in Würtenberg. Man vergleiche damit Weisser Recht der Handwerker S. 396.

III.

Wirthschafts-Erfahrungen in den Gütern Gusow und Platkow, gesammelt von deren Besitzer dem Grafen von Podewils. Erster Theil. Berlin in Commission bey Maurer. 1801. 168 Seiten in Großquart.

Daß doch denkende Landwirthe dieses Buch nicht unter der Menge landwirthschaftlicher Schriften, welche sich auf jeder Messe unmäßig vermehrt, übersehen mögen! Anstatt daß die meisten Schriftsteller lehren wollen, wie gewirthschaftet werden soll; so giebt der Herr Graf eine aufrichtige und volständige Nachricht, wie er auf seinen Gütern bisher gewirthschaftet hat, und mit welchem Erfolg. Solche
Mo-

Monographien oder Topographien enthalten die sicherſten Erfahrungen und Lehren, deswegen ſie auch oft, aber in Teutſchland bisher vergebens, gewünſcht ſind. Auch ich habe den Verſuch gewagt, zu ſolchen Beſchreibungen aufzumuntern, und auch nicht ganz ohne Nutzen. Mein Wunſch veranlaſſete den bekanten Pfarrer Mayer zur Beſchreibung der Landwirthſchaft um Kupferzell im Hohenlohiſchen. Man ſehe Bibliothek I. S. 197. II. S. 573 und IV. S. 519. Auch habe ich durch die von mir vorgeſchlagene Preisfrage, des H. Rülings Beſchreibung von Northeim veranlaſſet; man ſehe meine Anzeige in Götting. gel. Anz. 1780. S. 40. Aber einer genauen Beſchreibung einer einzelnen Landwirthſchaft erinnere ich mich nicht, als nur der Beſchreibung der Stargardtiſchen Wirthſchaft des Herrn Grafen von Borke; ſ. Biblioth. XIII. S. 46. Zahlreicher ſind ſolche Beſchreibungen bereits in Schweden und Engsland, und dieſe ſind ſo lehrreich, daß ſie auch ſo gar Ausländer nutzen können. So viel gutes auch die Beſchreibung des H. Gr. von Borke enthält, ſo hat doch die Beſchreibung des Hrn. Gr. von Podewils große Vorzüge vor jener. Herr Gr. v. P. iſt Kenner der Naturkunde und der übrigen Hülfswiſſenſchaften der Landwirthſchaft, und

durch

durch Anwendung derselben hat seine Beschreibung eine Genauigkeit erhalten, welche H. Gr. v. B. nicht erreichen konte, als welcher so wenig mit den Hülfswissenschaften bekant war, daß er so gar nicht einmal ihre Nutzung einsah.

Im ersten Theile findet man hier gleich anfangs eine kurze Beschreibung der Güter Gusow und Platkow, welche im Lebüsischen Kreise, 8 Meilen von Berlin, $3\frac{1}{2}$ M. von Frankfurt a. d. O. und 2 Meilen von Küstrin liegen. Die Feldmark derselben liegt halb im Bruche oder ist Marsch, halb auf der Höhe oder ist Geest. Diese Lage hat den großen Vortheil, daß nicht leicht ein algemeiner Miswachs erfolgt. Denn in trokenen Jahren, da die Höhe verliehrt, gewint der Bruch, und im entgegengesetzten Falle die Höhe. Die Producte können größtentheils nur in Berlin abgesetzt werden. Das Clima findet der B. dem Canadischen ähnlich, wie denn auch Populus canadensis und andere Gewächse aus Canada vorzüglich gedeihen. Wie billig, ist hier auch die Größe nach richtiger Vermessung angezeigt worden. Aber ich wage keinen volständigen Auszug, als welcher, wenn er auch noch so weitläuftig würde, sehr mangelhaft ausfallen, und den Landwirthen nicht

nicht hinlänglich seyn würde. Sie müssen das ganze Buch, welches großen Theils aus Tabellen und Rechnungen besteht, selbst durchdenken. Ich muß zufrieden seyn, wenn ich sie durch meine Anzeige dazu reitzen kan. Der edle Verfasser wünscht in der Vorrede das Urtheil erfahrner Landwirthe zu erhalten, und dieß wird nur nach einer sorgfältigen Prüfung und Vergleichung der Resultate, welche die Tabellen angeben, möglich seyn.

Der erste Theil enthält nur die Beschreibung der Aecker und der darauf gewonnenen Früchte. Die ganze Uebersicht wird erst der zweyte Theil möglich machen. Dieser wird den Ertrag des Viehstandes, die Unterhaltungskosten der Pferde- und Ochsen-Gespanne, die Verhältnisse derselben in Rücksicht der Kosten und Arbeiten, die Ackerwerkzeuge, Düngung, Brauerey und Branteweinbrennerey, die Unterhaltung der Gebäude enthalten. Vorzüglich lehrreich wird die versprochene Vergleichung des gewöhnlichen Anschlags der Güter mit ihrem wahren Ertrage, werden.

Jeder Getreideacker ist hier erst beschrieben worden, mit Verweisung auf die beygefügte mit Farben erleuchtete Charte;

auch sind die darauf wild wachsenden Pflanzen mit Linnelschen Namen angegeben worden. Alsdann wird die Bestellung als Winter- Sommer- und Brachfeld, der Ertrag mehrer Jahre und der Mittelertrag bestimt. Daher läßt sich nichts auszeichnen. S. 28 folgt die besondere Nachricht von den Früchten, welche gebauet werden. Ihr Gewicht. Das Getreide, was im Bruche gebauet wird, ist leichter und wohlfeiler, als das auf der Höhe gezogen wird. Die vieljährigen Berliner Getreidepreise verdienen einen besondern Dank, so wie die daraus gezogenen Mittelpreise von 1661 bis 1799. (*) In diesem Zeitraume sind Rocken und Gerste beynahe auf das dreyfache gestiegen, oder, welches einerley ist, das Geld, als der algemeine Maasstab der Bedürfnisse, ist um so viel im Werthe gesunken. Daß der Preis wieder jemal fallen werde, das läßt sich gar nicht vermuthen. Taf. LX Seite 36 und 118 Zeit der Aussaat seit 1746. Berechnung der Einsaat und der Kosten des Säens, oft verglichen mit andern Angaben. Taf. 64 Zeit der Reife der Früchte seit 1746. Kosten des Mä-

(*) In Hrn. Consistorr. Brüggemanns Beschreibung von Pommern findet man die Getreidepreise zu Stettin von 1600 bis 1799. Man sehe oben S. 229.

Mähens theils mit der Sense, theils mit der Sichel. Vergleichung beyder Werkzeuge, jedoch auch hier nur nach der Theorie, welche da, wo es nicht an Menschen fehlt, für die Sichel zu entscheiden scheint. Auf gleiche Weise sind auch die Kosten der übrigen Erntearbeiten von vielen Jahren in Tabellen gebracht worden. Gelegentlich wird S. 68 angemerkt, daß der türkische Hafer, A. orientalis, zwar größere, aber nicht so schwere und mehlreiche Körner, als der gemeine habe, aber daß sie auch nicht so leicht ausfallen, auch sich nicht so leicht ausdreschen lassen.

Toback wird seit 1746 gebauet. Wahrscheinlich werde der Mittelpreis des Zentners 5 Thlr. bleiben. Von 1746 bis 1766 hat der Zentner 3 Scheffel Rocken gegolten, aber durch den Seekrieg stieg er auf 5 Scheffel. Die Benennung Tobacksklutschen ist auch bey uns gebräuchlich. Er beweiset wohl nicht, daß diese Cultur durch die Franzosen zu uns gekommen ist. Denn schon lange vor dem Tobackbau nante man die Treibebeete Kutschen, von couches, welches Wort freylich wohl von den französischen Gärtnern angenommen ist. Auch bey diesem Produkte, so wie bey jedem andern, sind hier die sämtlichen Kosten und Einnahmen berechnet worden. Rübsamen wird wenig gebauet, weil es an Oehlmühlen und an Absatz fehlt, welches letztere sonderbar scheint. Tartuffeln werden erst seit 1794 gebauet. Weil sie keine Waare sind, sondern nur zur Speisung und Futterung dienen, so ist nur der Aufwand verrechnet worden. Der H. V billigt es nicht, nach der Weise der Engländer, solchen Produkten, welche der Landwirth selbst ganz verbraucht, einen eingebildeten Werth beyzulegen, weil dieß zu unrichtigen Speculationen verleiten kan. — Sehr wahr! gleichwohl scheint der Anschlag zu Gelde doch nothwendig zu seyn, wenn die vollkommenste Rechnungsweise, die Doppelbuchhaltung, auch bey der Landwirthschaft angewendet werden soll.

Gelegentlich will ich hier noch eine kleine Nachricht von dem oben S. 205 nur kurz angeführten Buche geben, da ich es nun zu besitzen das Vergnügen habe. Ich meine Johnstohns Abhandlung über das Austrocknen der Sümpfe, deren Uebersetzung man ebenfals dem Hrn. Gr. von Podewils verdankt. Diese ist zu Berlin 1799 auf 15 Bogen in 4. gedruckt, nebst 15 sauber nachgestochenen Kupfertafeln. Es ist dieses Buch sicherlich das beste, was wir über diesen Gegenstand haben; aber wahr ist es doch,

doch, daß darin vieles für neue engllsche Erfindung angesehn wird, was doch Ausländer längst gekant und genützet haben. So würde der V. wohl nicht die Anwendung des Erdbohrers so sehr bewundert haben, wenn er gelesen hätte, was Krünitz darüber in Encyclop. VI. S. 146 gesammelt hat. Ju wie vielen teutschen Schriften über Salzwerke ist der Gebrauch des Bohrers zu Aufsuchung der Quellen empfohlen worden! Daß dieses Werkzeug dem Landmanne auf vielerley Weise nutzen könne, hat Alströmer in den Abhandl. der Schwed. Akad. XIX. S. 193. gewiesen. Inzwischen bleibt dem Elkingston das Verdienst, den Gebrauch erweitert zu haben. Er hat auch S. 88. T. XV, 3. einen horizontalen Erdbohrer beschrieben, der wohl ganz gut seyn mag, aber gewiß für einen einzelnen Gebrauch viel zu kostbar ist. Besonders lehrreich ist hier der Unterricht zu Anlegung und Leitung der Gräben bey sehr verschiedenen Nebenumständen. Die so genanten Saugeschächte, welche schon oft in Teutschland angewendet sind, das Wasser durch ein unten liegendes Thonlager abzulassen, sind S. 68 beschrieben und T. X. sehr verständlich abgebildet worden. Das Ende dieses Buchs handelt von der vortheilhaftesten Nutzung des ausgetrockneten Bodens. Möchten doch

alle

alle nützliche Bücher so geschickte und getreue Ueberseher erhalten, als dieses erhalten hat! Die vielen Kunstwörter, welche zum Theil noch dazu Provinzialwörter sind, forderten einen Ueberseher, welcher nicht nur mit beyden Sprachen, sondern auch mit den Gegenständen gründlich bekant war. Nach der Weise der besten Ueberseher findet man hier auch die Kunstwörter der Urschrift beygefügt. Das Buch ist übrigens auf schönem Papiere mit lateinischen Lettern gedruckt worden, aber auf Kosten des edlen Ueberseters, in Commission bey Maurer.

IV.

Geschichte der teutschen Landwirthschaft von den ältesten Zeiten bis zu Ende des funfzehnten Jahrhunderts. Ein Versuch von Karl Gottlieb Anton. Görlitz. Erster Theil mit 4 Kupfern 1799. 486 Seiten in 8. Zwenter Theil 1800. 376 Seiten. Dritter Theil 1802. 563 Seiten.

Wenn es immer möglich wäre, die vorzüglichsten Schriften am ehrsten anzuzeigen, so wäre von diesem Buche schon längst

längst eine Nachricht gegeben worden. Jetzt ist es gewiß schon den meisten Lesern bekant, und eine ausführliche Anzeige würde deswegen überflüssig seyn. Aber es würde auch unverantwortlich seyn, es hier gar nicht zu nennen. Schon längst hat man eine Geschichte der Landwirthschaft gewünscht; aber keiner hat sich bis jetzt daran wagen mögen, und wenigen möchte auch die Unternehmung geglückt seyn. Denn noch zur Zeit ist gar wenig vorgearbeitet worden; alle Materialien mußten erst zusammen gesucht werden. Diese sind meistentheils in den alten Annalen und Documenten zerstreuet und versteckt, welche wenige kennen, und noch weniger zu lesen und zu brauchen verstehn. Dazu ist eine genaue Kentniß der vaterländischen Geschichte und der heutigen Landwirthschaft unentbehrlich, und wenige sind, welche alle diese Kentnissen besitzen oder sich erwerben können. Desto mehr muß man dem Hrn. D. Anton danken, daß er die Bearbeitung dieser Geschichte übernommen hat; er, der längst dafür rühmlich bekant ist, daß er alle diese Kentnissen besitzt, und der sich schon um Teutschlands Geschichte und Landwirthschaft ungemein verdient gemacht hat. Wer hier noch Lücken zu finden glaubt, oder wer manche Schlüsse aus einigen wenigen Stellen zu algemein, manche Auslegung zweifelhaft,

man-

manche Hypothese unwahrscheinlich findet, der vergesse nicht, daß dieß ein Versuch sey, wie der Titel sagt, und zwar der erste Versuch, den gewiß keiner, er sey wer er wolle, fehlerfrey liefern würde. Mit einer Bescheidenheit, die einem Manne von Verdiensten eigen ist, sagt der V. dieß selbst in der Vorrede. Immer wird dieses Buch dem, welcher einst einen besondern Theil der Geschichte der Landwirthschaft bearbeiten will, eine vortrefliche Beyhülfe seyn, gesetzt daß er auch manches anders bestimmen möchte. Die Ordnung ist folgende.

Im Anfange erst eine Nachricht von dem ältesten Zustande unsers Vaterlandes, als es den Römern bekant ward. Alsdann die sparsamen Nachrichten bis auf Karl den Großen. Das dritte Buch, welches den ersten Theil endigt, von Karl d. G. bis zum Abgange der Karlischen Familie. Der zweyte Theil enthält das vierte Buch: vom Abgange der Karlischen Familie bis auf den Ursprung der Regalien, oder bis zum Reichstage auf den Ronkalischen Feldern 1158. Der dritte Theil führt die Geschichte fort bis auf Karl IV. oder bis 1350. Der vierte Theil soll den Rest liefern. Es würde zu weitläuftig seyn, hier die Abschnitte jeder Periode einzeln anzugeben. In allen

len findet man besonders gehandelt, von dem Zustande der Landgüter und vorzüglich von der Verhältniß der Gutsherren und der Bauern, wo denn auch angedeutet ist, wodurch vornehmlich der Zustand der letztern almälig gebessert worden. Von Wirthschaftsgebäuden, Wirthschaftsbeamten, Kirchengütern (von diesen vielleicht überal am ausführlichsten, auch hatten sie immer einen großen Einfluß auf die ganze Landwirthschaft.) Dann von den einzelnen Theilen des Ackerbaues und der Viehzucht. Auch vom Forstwesen, von der Jagd, Fischerey, Bienenzucht; von Maaßen und Gewichten; von Mühlen, Brauereyen, Bäckerey. Nicht selten sind auch die Preise der Ländereyen und der landwirthschaftlichen Produkte aufgesucht und erklärt worden. Ueberal stößt man auf sehr viele lateinische oder teutsche Kunstwörter und Ausdrücke, welche entweder noch nirgend erklärt, oder nicht hinlänglich oder richtig erklärt sind. Ihre Erläuterung gehört sicherlich zu dem größten Werthe dieses Werks, und der H. V. wird durch das volständige Register aller solcher Ausdrücke, welches er zu liefern verspricht, den größten Dank verdienen. (*)

Daß

(*) S. 371 liesct man, daß ums Jahr 1316 im Münsterschen vagi equi vorkommen, welche

Daß hier überal die Quellen angegeben sind, das wird jeder von einem solchen teutschen Schriftsteller erwarten. Fischers Geschichte der Handlung ist hier doch öfterer angeführt worden, als mancher, welcher dieses Buch genau kent, erwarten möchte. Denn Fischer war in seinen Nachrichten, im Gebrauche und Anführung der Quellen äußerst leichtsinnig und unzuverläßig, und man man kan ihm nicht trauen, wenn man nicht vorher selbst jeden Gegenstand untersucht und wahr befunden hat. Wahrscheinlich wird auch H. D. A. nur nach einer solchen Prüfung auf Fischers Geschichte verweisen, und dann kan es freylich nicht getadelt werden.

Noch

che Tag und Nacht in den Wäldern blieben, und in keinen Stall gebracht wurden. Ich erlaube mir hiebey die kleine Anmerkung, welche ich neulich, bey wiederholter Durchlesung des Suetons, machte. Jene lateinische Benennung ist altrömisch. Sueton L.814. erzählt, daß Jul. Cäsar Pferde, welche ihm im Kriege gedient hatten, in völliger Freyheit hat leben lassen: vagos sine custode dimisit. Man vergleiche die daselbst von Pitiscus S. 139 angeführten Stellen. Du Cange hat: *Vagiare*, pecus (vagum seu oberrans) ob damna abigere, *Vagiator*, qui detinet abacta pecora, in jure Hungarico.

Noch muß ich besonders anzeigen, daß H. A. eine neue Uebersetzung und Erklärung des bekanten Capitularis und des breviarii fiscalium ausgearbeitet, und im ersten Theile geliefert hat. Eben daselbst findet man auch den alten Angelsächsischen Kalender in Gemählden aus dem eilften Jahrhunderte nachgestochen, und viel richtiger und volständiger erklärt, als von dem Engländer Strutt geschehn ist. Dieß verdient desto mehr Dank, je weniger das englische Werk in Teutschland bekant geworden ist. Wenn ich mich recht erinnere, so hat H. D. A. schon im litterarischen Anzeiger 1798 von diesem schätzbaren Alterthum Nachricht gegeben.

Ich kan diese Anzeige nicht schließen, ohne noch eine Versprechung des V. Th. 3. S. 216. zu melden, weil sie gewiß den meisten Lesern eben so angenehm, als mir seyn wird. Der V. sammelt jetzt alle teutsche landwirthschaftliche Kunstwörter, um solche in einem Wörterbuche zu erklären, um, wie er sagt, die landwirthschaftlichen Schriftsteller einander verständlich zu machen, und um eine algemeine Terminologie in Vorschlag zu bringen. Ein solches Werk von einem solchen Kenner der Sprachen und der Landwirthschaft wird grossen mannigfaltigen Nutzen verbreiten, und den Dank der spätesten Nachkommenschaft verdienen. Es sey mir erlaubt, daran zu erinnern, daß auch ich in dieser Bibliothek schon oft zur Unternehmung eines solchen Wörterbuchs aufgemuntert habe. Möchten wir es doch bald erhalten! und möchte dann H. A. recht oft noch dazu Supplemente liefern können!

V.

Die Cultur, Fabrikatur und Benutzung des Tabacks, in ökonomischer, medicinischer und cameralistischer Hinsicht, von allen Seiten volständig beschrieben, und sowohl für Tabacksfabrikanten, als auch für Tabacksraucher und Schnupfer zur nützlichen Belehrung vorgetragen von J. Chr. Gotthard, Profess. zu Erfurt. Weimar 1802. 424 Seiten in Kleinoctav.

Eine wohlgeordnete Samlung des meisten und besten, was bisher von der Gewinnung und Verarbeitung des Tobacks und auch der Tobackspfeiffen bekant ist; jedoch mit Weglassung der Zeichnungen, die wohl mancher

V. Gotthard Cultur des Tabacks.

cher ungern vermißt wird. Ueber die Cultur des Tobacks hat der V. die schriftlichen praktischen Bemerkungen, welche ihm der Vicarius Marten in Erfurt mitgetheilt hat, benutzet, so wie bey der Verarbeitung ein von einem geschickten Tobacksfabrikanten mitgetheiltes Manuscript, und zwar dieß, nach der Beurtheilung des großen Chemikers, H. Buchholz. Im Anfange sind die Materialien zur Geschichte des Tobacks wiederholet worden, welche jedoch auch in der fünften Ausgabe meiner Technologie wiederum etwas vermehrt sind. Zugesetzt sind einige Stellen aus den Schriften einfältiger und arroganter Theologen, welche im siebenzehnten Jahrhunderte, auf eine lächerliche Weise, wider den Toback predigten. Wäre es nicht gut gewesen, bey der Cultur, da wo von dem Trocknen der Blätter gehandelt ist, die Landleute zu erinnern, dabey den Staub zu vermeiden? So ist es wohl nicht zu billigen, die auf Fäden gezogenen Blätter nach S. 116. außen am Hause, oft neben der Heerstraße, aufzuhenken. Unter den zahlreichen Saucen kömt S. 183 eine aus dem oben angeführten Manuscripte vor, mit welcher der Virginische Taback zu einem vortreflichen Halbknaster, der Ungarische zu Virginischen, der Pfälzer und andere gemeine Arten zu guter brauchbarer Waare bereitet werden können. Dazu gehören Lakritzensaft, Cardemomen, Vanille, auch Caravanen-Thee, der nun freylich selbst in Rußland nicht immer zu haben ist. Aber vielleicht wird er so nothwendig nicht seyn. Die Recepte zu den Arten von Rauchtoback, deren Namen noch im Handel vorkommen, sind zahlreich, und scheinen allerdings von Fabrikanten herzurühren. Noch zahlreicher sind die Vorschriften zum Schnupftoback. Nach S. 160 soll des Volongaro zu Höchst Geheimniß, wodurch er reich geworden ist, hauptsächlich in einer langsamen Gährung an der Sonne bestanden haben. S. 235 ist ein gar ausführlicher Unterricht gegeben worden, das Bley zu den Paketern zu gießen. Wären Zeichnungen zur Erläuterung beygefügt worden, so würde dieser Abschnitt vielleicht der lehrreichste seyn. Fabrikanten, welche mit den Werkzeugen und Handgriffen bekant sind, werden überhaupt in diesen Bogen manchen nützlichen Unterricht finden. Von den Geheimnissen, den allerfeinsten spanischen Schnupftoback zu machen, habe ich hier nichts gefunden. Hier ist nur von Mahlen und Sieben geredet worden. S. 310 ein Verzeichniß solcher Pflanzen, welche, im Fall der Noth, wie Toback dienen können. Am Ende folgt auch eine Nachricht von Verfertigung der Pfeiffen und

und Pfeiffenköpfe, unter denen die aus Meerschaum wohl die besten bleiben werden. Die aus Porzellan und Serpentin gemachten Köpfe sind, welches hier nicht bemerkt worden, zu schwer, zu dicht und werden deswegen zu heiß. Von Pfeiffenröhren, ihren Mundstücken und Saftbehältnissen. Wegen der ersten wolte ich wohl den Zusatz vorschlagen, wenigstens auf Reisen eine Feder aufzustecken, um der Gefahr beym Stoße zu entgehn. Die letzten, welche der V. Saftsäcke nennet, sind, nach meiner Meynung, nicht so nothwendig, als S. 557. gesagt ist. Der so genante Saft, welcher so viel Eckel verursachet, würde gar nicht da seyn, wenn er nicht in diesem Gefäße erst gebildet würde. Bey den reinlichern thönernen Pfeiffen ist von dieser Flüssigkeit wenig oder gar nichts zu merken. Uebrigens sind diese Schwambüchsen, wie ich schon in Anleitung zur Technologie S. 262 angezeigt habe, von einem Oesterreichschen Arzt, Joh. Jac. Franz Vicarius 1689 zuerst angegeben worden. Auch von den mannigfaltigen Tobacksdosen. Es folgen am Ende diätetische Regeln für den Gebrauch. Da wäre doch eine bestimtere Warnung wider manche Arten von Schnupftoback nöthig gewesen. Man hat in manchen Bleyzucker und Spiesglas gefunden. Zuletzt noch etwas

was über die cameralistische Nutzung des Tobacks. Noch muß ich anzeigen, daß auch die von einzelnen Gegenständen handelnden Schriften angeführt sind.

VI.

Der ökonomische Samler, oder Magazin vermischter Abhandlungen und Nachrichten aus dem Gebiete der Land- und Hauswirthschaft und ihrer Hülfs- und Nebenwissenschaften. Herausgegeben von Friedr. Bened. Weber. Leipzig. 1801. Zwey Stücke in Großoctav von 167 und 176 Seiten.

Wenn dieser Samler jederzeit so gute Aufsätze, als die beyden ersten Stücke enthalten, liefern wird, so wird er an Güte fast alle periodische Schriften seiner Art übertreffen. Sehr viel Gutes kan man allerdings von der Geschicklichkeit und dem Fleiße des Hrn. Herausgebers erwarten, welcher nun von Leipzig nach Frankfurt an d. O. gegangen ist, und dort die Professur des verstorbenen Borowsky übernommen hat. Man sieht auch, daß es ihm geglückt

glückt ist, geschickte Mitarbeiter zu erhalten. Um mein Urtheil zu rechtfertigen, will ich nur einige Aufsätze, welche mir die vorzüglichsten zu seyn scheinen, anzeigen.

1. S. 61. des H. Prof. Rössigs Preisschrift über die Ursache des Brandes im Getreide. Seine Meynung ist, daß durch die zu große Feuchtigkeit, in Verbindung mit zu vieler Fettigkeit, die Säfte der Pflanzen verberben, daß die Gährung, welche eine süße geistige bleiben solte, in eine saure ausarte, daß das Oehl ranzig werde, und die grüne Farbe sich in eine dunkle schwärzliche verändere.

S. 97. von H. Prof. Weber eine Anweisung zur Anlage eines wirthschaftlichen Hofes. Es ist wahr, daß darüber in neuern Zeiten noch wenig geschrieben ist, obgleich die Schriften über die landwirthschaftliche Baukunst zahlreich geworden sind. Hier ist ein guter Anfang gemacht worden, die Regeln, welche dabey zu befolgen sind, zu sammeln, nach welchen dann auch der beygefügte Riß entworfen ist. Der Hof wird mit den Gebäuden ganz umschlossen, und bildet ein Viereck. An der östlichen Seite ist das Wohnhaus des Gutsherrn. Neben über an der westlichen Seite ist das eigentliche Wirthschaftsgebäude, worin der Verwalter oder Hofmeister wohnt. Aus beyden Häusern kan also der ganze Hof übersehn werden. Die Thore oder Auffahrten sind an der nördlichen und südlichen Seite. (Die meisten alten Einrichtungen, welche ich zu beobachten Gelegenheit gehabt habe, waren fast eben so; nur wohnte der Verwalter über der Auffart, oder über dem Eingange des Hofes, dem herrschaftlichen Hause gegenüber, so daß er nicht nur den ganzen Hof übersehn, sondern auch alles sehen konte, was auf den Hof kommen wolte. Die neuern Besitzer haben eine solche Einschließung unangenehm und ängstlich gefunden. Sie haben die eine Seite des Vierecks ganz weggenommen, und nach und nach die Seitengebäude immer mehr und mehr auseinander gerückt. Dadurch ist denn freylich die Aussicht für die gnädige Frau verbessert worden, aber die Hauswirthschaft hat dabey nicht wenig verlohren.) Die Fortsetzung dieses Aufsatzes im zweyten Stücke hat die Ueberschrift: über die Wohnzimmer eines Landwirths, und deren Einrichtung zu einem landwirthschaftlichen Museo.

Im zweyten Stücke ist der Unterricht S. 15 vom Gartenrecht, von dem in diesem

VI. Der ökonomische Samler.

sem Jahre verstorbenen Hinze in Helmstädt. Am Ende desselben wird angemerkt, daß die so genanten Kunstgärtner nicht die Gerechtsame einer Zunft oder Innung haben. S. 46 Empfehlung zweyer Traubenarten, welche weniger von der Kälte leiden, und dennoch sehr fruchtbar sind. Ein guter Gedanke war es von dem H. Prof. Weber, den Landwirthen die verkäuflichen Samlungen mancherley Gegenstände, welche ihnen nützlich seyn können, anzuzeigen; z. E. Samlungen getrockneter Pflanzen, Holzarten, Samen, Modelle, u. d. Freylich kommen hier viele Samlungen vor, welche jetzt nicht mehr zu haben sind; manche sind zwar ausgeboten worden, aber aus mancherley Ursachen sind sie doch nicht gangbare Waare geworden. Sicherlich waren die schönsten Herbarien diejenigen, welche der sel. Ehrhart in Hannover mit der größten Treue lieferte. Die schöne Samlung von Holzarten, welche Hr. Bellermann lieferte, ist jetzt nicht mehr zu haben. Von der S. 91 angeführten Holzsamlung des H. Baron von Kospoth besitze ich die erste Lieferung, welche ich gleich nachher anzeigen will; aber ich bezweifele die Fortsetzung. Freylich wäre es gut, wenn ein Entomolog kleine Insectensamlungen für Landwirthe veranstalten wolte. Darin müßten denn auch die Rau-

pen wohl zugerichtet geliefert werden. Noch
nutzbarer würden Samlungen brauchbarer
Modelle seyn, wenn solche nicht gar zu kostbar würden. Von den Preisen, welche
hier S. 101 angeführt sind, möchten wohl
nur wenige Gebrauch machen können.

S. 102 eine Maschine, worauf man
sich, bey Brand, von Höhen herunter lassen
könne. S. 113 H. Prof. Rößig über
den Unterschied zwischen Schäfereygerechtig-
keit und Schäfereyrecht, und dem Rechte
Schafe zu halten. S. 128 wünscht jemand
mit Recht die Einführung der teutschen Erfindung, der ollae Papinianae. Dieß veranlasset mich anzuzeigen, daß solche in England aus Eisen gegossene Töpfe von verschiedener Größe jetzt in Hamburg bey Hrn.
Ferdinand Ch. L. Schulz zu haben sind.
Die Deckel, welche sehr genau schließen und
durch einen Haken fest gehalten werden, haben oben ein Ventil, welches den Gebrauch
sichert. Der Nutzen ist groß, der Gebrauch
leicht; aber übel ist es, daß manche Töpfe,
welche nach Teutschland kommen, Ausschuß,
oder mißrathene Stücke sind. Manche haben Löcher, andere sind inwendig so rauh,
daß sie nie glatt gescheuert werden können,
welches doch nöthig ist, wenn die Speisen
reiulich und nicht schwarz werden sollen. Ich

lan

kan dieß selbst aus eigener Erfahrung, welche mir Geld und Mühe gekostet hat, versichern. Möchten doch solche Töpfe auch auf teutschen Hütten gut gemacht werden! Unmöglich kan die Verfertigung viele Schwierigkeit haben; und der Preis würde doch geringer seyn müssen, als der, wofür diese Geschirre aus England erhalten werden. Die Engländer nennen sie digesters, aber die unbrauchbaren schadhaften digesters, welche sie verschicken, beweisen, was man leyder! schon längst weis, daß man sich nicht mehr auf die Ehrlichkeit der englischen Arbeiter und Kaufleute verlassen kan, wodurch ihre Waaren ehemals so sehr beliebt geworden sind. Uebrigens ist wohl kein Zweifel, daß solche Töpfe auch aus Kupfer gemacht und verzinnt werden können. Möchten doch teutsche Kupferhütten dergleichen liefern! — Am Ende eines jeden Stücks sind auch einige ökonomische Schriften kurz angezeigt worden.

VII.

Das Ganze der Rindviehpest, oder volständiger Unterricht, die Rindviehpest genau zu kennen, sicher zu heilen und das gesunde Vieh vor Ansteckung zu bewahren. Nebst einer ganz neuen Theorie, alle Krankheiten der Thiere, richtig zu beurtheilen und glücklich zu behandeln. Von Bernhard Laubender, practicirendem Arzte zu Wurzen bey Leipzig. Leipzig 1801. 652 Seiten in 8.

Unter dem Titel: das Ganze der Rindviehpest, solte man volständige Auszüge aus allen oder den meisten Schriften über diesen Gegenstand erwarten. Inzwischen sagt der V. in der Vorrede, daß er nur aus den vorzüglichsten Schriften das Gute entlehnt und mit dem seinigen verwebt, und so ein Ganzes zu bilden gemeint habe. Da er, wie er versichert, als Arzt Gelegenheit gehabt hat, über die Krankheit Beobachtungen zu machen, so konte eine solche Unternehmung allerdings Dank verdienen. Ich glaube auch, daß sein Buch des Dankes

les werth ist, indem es vieles nützliche vereinigt, was nicht jeder selbst zusammen suchen kan. Aber ich muß mir das Geständniß erlauben, daß der V. nach meiner Meynung, gar zu schnell gearbeitet hat. Man findet so manche Fehler und Mängel in Sachen und Vortrag, deren Verhütung man bey mehrer Vorsicht wohl dem Verf. zutrauen kan.

Das vorgesetzte Verzeichniß der Schriften über die Viehseuche ist meistens aus Krünitz, wie der V. selbst sagt, aber sehr nachläßig abgeschrieben worden. Selten ist das Format der Schriften angezeigt worden. Noch nachläßiger ist die vorgesetzte Geschichte der Rindviehpest. S. 30 lieset man: Der gotselige und berühmte Outhof, der als Dichter im Anfange des fünften Jahrhunderts, oder um das Jahr 395 lebte; — und dennoch ist S. 32 gesagt worden: der ehrwürdige Outhof gebe von dem Viehsterben, welches 1710 und 1713 gewütet hat, Nachricht. Aber Gerh. Outhov, der Verfasser des Gedichts de mortibus boum, war Prediger in Ostfriesland und starb, wie das Gelehrten Lexicon meldet, im J. 1734. Noch übler ist es, daß hier alle ansteckende Seuchen, derer man gedacht findet, für die bekante Rindviehseuche, oder für die Krankheit

heit, welche man jetzt unter diesem Namen verstehet, angenommen sind.

Die Beurtheilung des medicinischen Theils dieses Buchs gehört für gelehrte Aerzte. Ich will nur einiges auszeichnen. S. 51 lieset man: „was ist das organische „Leben? wie erzeugt es sich? welches sind „seine Bedingnisse? Diese Fragen wollen „wir beantworten. Wir gebrauchen hiezu „nichts als einen vorurtheilslosen Verstand, „und eine richtige Beobachtungs- und Ur- theilskraft." Solten wohl viele Naturforscher diese Antworten so leicht finden? Wenn ich nicht irre, so besteht die neue Theorie des V. von den Viehkrankheiten in der Anwendung der Meynungen und Lehren des Engländers Brown, welcher S. 58 der große Reformator der Heilkunde heißt. Mir scheint auch die ausführliche Erklärung der Sthenie und Asthenie so ordentlich und deutlich gerathen zu seyn, daß sie ganz wohl zum Unterrichte dessen, welcher mit dieser neumodigen Theorie noch nicht bekant ist, dienen kan. S. 119 von den Zufällen der Rindviehpest, welche hier aus den besten Schriften angeführt und mit eigenen Bemerkungen vermehrt sind. S. 151 Ursachen der Krankheit. Nach Widerlegung anderer Meynungen erklärt der V. die Krankheit

S.

VII. Laubender Rindviehpest.

S. 166 für eine durch schnelle Ueberreitzung eingeführte indirecte Schwäche, wonach denn die darauf folgende Curart eingerichtet ist. Ein besonderer Abschnitt S. 213 untersucht die Frage, ob die Seuche zum zweyten mal anstecke. Der V. vermuthet es nicht. Wie die Ansteckung geschehe? S. 237. Von den mancherley Vorschlägen zur Verhütung der Ansteckung. Der V. selbst meint, der Dampf von Kalk- und Gypsbrennereyen sey vorzüglich würksam. Vorzüglich richtig ist wohl, was S. 352 über das Tödten der angesteckten Thiere gesagt ist, 'welches nicht ganz gebilligt wird. Erst soll durch Versuche ausgemacht werden, ob das Vieh auch würklich angesteckt sey. S. 363 von den Würkungen der Viehpest auf Menschen und andere Thiere. Sie können doch nach einigen Erfahrungen gefährlich werden. Es folgen allerley gesammelte Krankengeschichten. S. 414 des Schultheiß Müller in Franken Vorschlag zu einer Viehassecuranz. Ob das Fleisch des angesteckten Viehes sicher verspeiset werden könne, scheint noch nicht ganz entschieden zu seyn. Ein besonderer Abschnitt S. 446 handelt von der Inoculation, welche dem V. nicht so gar vortheilhaft zu seyn scheint. Auch warnt er mit Recht, Vorsicht zu brauchen, um nicht dadurch die Seuche herschend zu machen.

Noch

Noch sind verschiedene vorgeschlagene Präservative in einem Nachtrage erzählt und beurtheilt worden. Am Ende Auszüge aus französischen und italienischen Schriften.

VIII.

Tableau de l'agriculture Toscane, par *J. C. L. Simonde* de Genève. A. Genève 1801. 327 Seiten in 8.

Der Verf. dieser ökonomischen Topographie vom Großherzogthum Toscana sagt in der Vorrede, er habe daselbst selbst Landwirthschaft getrieben. Er beschreibt zuerst, wie solche in dem ebenen Theile des Landes getrieben wird; hernach führt er an, was in dem Theile, welcher hügelig ist, und zuletzt was in dem gebirgten Theile, besonders darüber zu merken ist. In dem erst genanten Theile umzieht man das an Ströhmen liegende Land mit einem Damme, und läßt es, wenn die Ströme angeschwollen sind, mit Wasser vollaufen, welches dann daselbst den fetten Schlamm, welchen es mit sich von den Gebirgen herunter unterbringt, fallen läßt. Dadurch wird nicht nur der Boden sehr gut gedünget, sondern auch so sehr erhöhet, daß hernach keine Ueberschwemmung weiter zu besorgen ist. Die Dämme bepflanzt man mit Bäumen, und läßt sie stehen, wann auch die Dämme nicht weiter zur Einschließung des Wassers nöthig sind. Solche Ländereyen heißen colmate oder comblées. Auch die Wässerung der Ländereyen nutzet man dort seit undenklichen Zeiten, und braucht dazu eine Schöpfmaschine, welche puiserande S. 27 genant wird. Hingegen versteht man, wie der V. sagt, die Gärtnerey weder in Toscana noch in ganz Italien. Viele Gartengewächse anderer Länder hat man dort gar nicht, auch außer den Wassermelonen (cocomero), keine, welche nicht algemein bekant wären. Dagegen hat man viele Obstbäume. Die Gärtner leeren die Abtritte der benachbarten Städte aus; sie mischen den Vorrath in weiten Gruben, welche mit Bohlen ausgesetzt sind, mit Wasser, lassen alles mehre Monate gähren, und tragen alsdann diesen ekelhaften, aber kräftigen Dünger in ihre Gärten, und gießen ihn mit großen Löffeln an die Pflanzen, vornehmlich an Zwiebeln, welche dort von vorzüglicher Güte sind. Dieses Begießen wird alle vierzehn Tage wiederholet. Der Gestank verliehrt sich schon am dritten Tage, und die Gärtner klagen nicht, daß dadurch ihre Gesundheit leide.

Die Zucht der Seidenraupen ist nicht mehr so einträglich als sonst. Ehemals ward das Pfund Gespinste für 35 bis 40 Sols verkauft, aber seit mehren Jahren erhält man nur 24 bis 26 Sols. Gleichwohl will der Landmann dieß Gewerb, an welches er gewöhnt ist, nicht aufgeben. Abbildung eines leichten Pflugs, welcher ganz demjenigen Modelle gleicht, was ich aus Bündten erhalten habe. Man bauet einen vorzüglich guten Weitzen, aber wenig Haber, und gar keine Gerste, stat deren man zum Viehfutter Bohnen braucht. Gedroschen wird schon im Julius, aber nur die Aehren, welche, wenn die Bunde (bottes) getrocknet sind, von den Halmen abgeschnitten werden. Gedroschen wird unter freyem Himmel beym stärksten Sonnenschein, auf einer dazu eingerichteten Tenne. Abends, da allemal ein kleiner Wind entsteht, wird das Getreide gewannet.

Wann die Körner an der Sonne genugsam getrocknet sind, werden sie in die Gruben, welche man buchs nennet, gebracht.

bracht. Solche Gruben haben aber wenige Landwirthe auf ihren Höfen; sondern die Ziegelbrenner haben solche da, wo sie ihren Thon graben, und vermiethen sie. Sie übernehmen die Arbeit, das Getreide hinein und herauszubringen, und haften für die Sicherheit. Entweder liefern sie so viele Säcke, als sie erhalten haben, zurück, und erhalten alsdann gar keinen Lohn; oder sie liefern alles Getreide, was in die Gruben gebracht ist, ohne nachzumessen, zurück. Im letzten Falle erhalten sie 4 Sous für jeden Sack. Aber die erste Weise ist ihnen vortheilhafter, weil die Körner in den Gruben aufschwellen, daher denn, bey dem Zurückmessen, drey auf 100 gewonnen werden. Wird eine Grube geöfnet, so ist das oberste Getreide etwas feucht und verdorben, und gehört dem Vermieter der Gruben. Auch das unterste in der Grube hat einen unangenehmen Geruch, und muß bey dem Verbacken mit vielem bessern Mehle vermengt werden, um nicht einen unangenehmen Geschmack zu verursachen. Die weissen Lupinen werden viel im August gesäet, um im October zur Düngung untergepflügt zu werden; dieß nennet man S. 74 gli foverci oder rovescii. Auch die Samen selbst geben einen herrlichen Dünger ab. Man bringt sie, nachdem durch starkes Dörren der

Keim getödtet worden, an die Wurzeln der Oehlbäume; auch legen die Gärtner, aber doch nur immer wenige Körner, in die Gefässe, worin sie Orangen ziehen, wo sie denn stat des Pferdemistes dienen, und mehr als man vermuthen solte, düngen — Mir ist hieben eingefallen, ob dieser Gebrauch der Samen nicht schon den Lateinern bekant gewesen sey. Möglich wäre es wohl, daß manche Stelle der Alten von Lupinen deswegen bisher nicht verstanden worden, weil man dabey nur an die grüne Düngung gedacht hat. Inzwischen weis ich mich keiner Stelle zu erinnern, welche darauf zu deuten wäre, und zu Nachsuchungen fehlt mir jetzt die Zeit. Fast vermuthe ich, daß die Worte des Plinius XVII, 27. S. 90 davon zu verstehn sind, da, wo er von den Mitteln redet, kranken Bäumen zu helfen: Ceteris arboribus aegris faecem vini, aut lupinum circum radices earum seri. Mir ist es nicht glaublich, daß er hat anrathen wollen, um solche Bäume Lupinen zu säen, indem man die Obstgarten weder mit Klee, noch mit andern Pflanzen, welche den Boden dicht bedecken, besäen darf. Auch vermuthe ich nicht, daß er, wenn er dieß gemeint hätte, circa radices seri würde gesagt haben. Wenn auch diese Vermuthung nicht wahr seyn solte, so bleibt doch wahr, daß manches, was man

VIII. L'agriculture Toscane.

man von den Lupinen liefet, noch unerklärt ift. Dahin scheinen mir die Worte des Varro I, 13, 3 (ed. I. Gesn. p. 166) zu gehören, wo er neben dem Hofe Waffer haben will, worin Lupinen und andere Pflanzen gerötet werden könten: In cohorte exteriore lacum esse oportet, vbi maceretur lupinum; item alia, quae demissa in aquam ad vsum aptiora fiunt.

Zur Fütterung säet man in Toscana ein Gemeng von Lupinen, Lein und Rüben. Der Lein dauert dort den Winter aus, und wächst sehr früh. Die Lupinen werden früh aufgezogen, wodurch denn die beyden andern Pflanzen Luft erhalten. Bey den Rüben hält man mehr aufs Kraut als auf die Wurzeln. Der Incarnatklee, T, incarnatum, dort la lupinelle oder treffle annuel genant, wird im September gesäet, und in der Mitte des Aprils bis zur Mitte des Mays geschnitten. Türkischer Weitzen wird bekantlich viel gebauet. Sonderbar ist, daß man ihn in Piemont drescht mit Flegeln, welches in Toscana nicht möglich ist, wo die Körner über einem stumpfen Eisen ausgerieben werden. Moorhirse, H. sorgum, la sagine oder millet noir, wird S. 83 vom Verf. nicht gelobt. Sie ist nicht für das Vieh, auch nicht für Federvieh gesund. Dem Bro-

Brode giebt sie einen unangenehmen Geschmack, und sie wird den Armen wohlfeil verkauft.

S. 112. außführlich vom Oehlbau. Der Baum leidet, so wie andere immer grünen Bäume, viel leichter von der Kälte als der Wein, welcher im Winter saftlos ist. Auch S. 129 von eingemachten Oliven, welchen der herbe Geschmack durch Kalkwasser genommen wird. Sie müssen nur mit einem hölzernen Löffel umgerührt, nie mit Eisen berührt werden, weil sie sonst schwarz werden. Nach 24 Stunden wird das Kalkwasser abgelassen, und sogleich werden die Oliven mit reinem Wasser von dem seifenartigen Schaume gereinigt. Hernach kommen sie in Salzwasser. Sie machen jedoch in Toscana keinen Handelsartikel; aber das Baumöhl gehört zu den ergiebigsten Produkten. Das Oehl wird in glasirten thönernen Gefäßen, welche wenigstens einen halben Zoll dick sind, aufbewahrt, wozu sich nicht jeder Thon schickt, weil das Oehl leicht durchschwitzet. Die Ernte ist, wie bey dem Wein, höchst unsicher. Geräth sie nicht, so ist der Landmann in der größten Noth und ohne Hülfsmittel.

Noch ausführlicher ist der Abschnitt vom Weinbau. S. 130. Zu Weinpfählen wird

Rohr

Rohr, Arundo donax, canna der Italiener, gebauet. S. 151 Namen der weissen Weinarten: colombana, paradisa, galletta, salamanna, malvagia u. a. Rothe Arten sind: aleatico, barbarossa, canino u. a. Von Agrumen geben die Citronen den meisten Gewinn. Der V. hat 400 Stück Früchte an einem Baume von mässiger Grösse gefunden. Das ganze Jahr hindurch tragen diese Bäume Blumen und Früchte. S. 207 von dem schlechten Zustande der Bauern; aber viel elender sind die Bauern im Gebiete von Lucca, wo ihnen der Staat alles vorschiessen muß.

Auf den Apenninen werden Kastanien in grosser Menge gezogen; die Früchte werden gedörret und alsdann zu Mehl gemacht, welches die gewöhnliche Speise ist. Diese hält der V. für so gesund, daß er daher zum Theil die ausnehmende Schönheit des weiblichen Geschlechts in Vallée de Pontito und de la Schiappa ableitet. Die Schiappinen sind so berühmt, daß man auf allen Masqueraden Frauenzimmer in ihrer Kleidung sieht, weil man solche für l'uniforme de la beauté hält. (Ich finde Schiappa nicht bey Büsching, aber wohl auf einigen Charten Sciapiana, nicht weit von Sarsina).

Die Papiermühlen sind in der Provinz Pesela sehr zahlreich; sie liefern jährlich 5000 Ballen, deren jeder 200 Pfund schwer ist. Alle Mühlen im ganzen Großherzogthum liefern 40000 Ballen oder 4 Millionen Pfunde. Sehr viel geht davon über Livorno nach Portugal, und zwar für einen mäßigern Preis, als wofür das holländische und englische verkauft werden kan. Der V. begreift nicht, woher alle die nöthigen Hadern erhalten werden, obgleich viele aus Neapel und dem Kirchenstaat kommen. Wahrscheinlich kommen auch aus der Levante Hadern, welche denn leicht die Pest verbreiten könten.

Die vornehmsten Mannfacturen sind die Seiden-Manufacturen. In den Gebürgen sind zwar Glashütten, dennoch kömt das meiste Glas noch aus Böhmen. Die toscanschen Flaschen sind so dünne, daß sie kaum das Zustopfen ertragen, und mit Stroh umwickelt werden müssen. Der V. beklagt, daß der Adel und die Reichen in Italien beständig in Städten leben, und sich selbst gar nicht um die Landwirthschaft bekümmeren. Arthur Young irret sehr, wenn er behauptet, der Reichthum italienischer Familien sey durch die Landwirthschaft gewonnen; vielmehr rührt er noch von dem ehemaligen

Han=

Handel her. — Am Ende ist noch Nachricht von den toscanischen Münzen, Maaßen und Gewichten gegeben worden.

IX.

C. G. von Murr Beschreibung der vornehmsten Merkwürdigkeiten der Reichsstadt Nürnberg, in deren Bezirke und auf der Universität Altorf. Nebst einem Anhange. Zwote durchaus vermehrte Ausgabe. Mit einer Kupfertafel. Nürnberg 1801, 718 Seiten in Großoctav.

Die erste Ausgabe ist Biblioth. IXt S. 525 angezeigt worden. Diese zweite ist dergestalt verändert und vermehrt worden, daß man sie für ein ganz neues Werk angeben kan. Sie enthält einen so großen Reichthum an neuen nützlichen Nachrichten von so mancher Art, daß schwerlich ein Gelehrter sie ohne Vergnügen und Nutzen lesen wird. Zur Geschichte von Teutschland, vornehmlich zur Culturgeschichte unsers Vaterlandes, zur Geschichte der Malerey, Kupferstecherkunst, Buchdruckerey, zur Geschichte sehr vieler nützlichen Künste, auch der Handlung und der Sitten, findet man hier die schätzbarsten Beyträge eingestreuet. Schade, daß nicht ein volständiges Register den Gebrauch dieser Nachrichten erleichtert! Ueber die Menge der Alterthümer, der Seltenheiten und Kunstwerke, welche in Nürnberg noch vorhanden sind, muß man erstaunen. Es werden wenige Oerter seyn, wo sie so gut, wie dort erhalten sind, und man muß den Nürnbergischen Gelehrten nachrühmen, daß sie sich durch Aufsuchung und Beschreibung derselben große Verdienste erworben haben. Zu diesen gehört vorzüglich Hr. von Murr, dessen mannigfaltige Kentniß, Thätigkeit und Samlungen man bewundern muß. Ihm verdanken viele Gelehrte Beyhülfe zu ihren Arbeiten und Bereicherung ihrer Samlung. Schade ist es, daß manche lehrreiche Stücke zur Geschichte der Buchdruckerey und Kupferstecherkunst, welche H. v. M. an den sel. Breitkopf geschickt hat, so wie dessen ganze Samlungen, zerstreuet und verlohren gegangen sind. Auch ich hatte ihm chinesische Seltenheiten welche er so lehrreich fand, daß er sie in Kupfer stechen lassen wolte, geschickt, und auch diese sind verlohren. Man sehe den zweyten Theil des Versuchs vom Ursprunge der Spielkarten, welchen Hr. J. C. F. Roch

Noch zu Leipzig 1801 herausgegeben hat, nach dessen unglücklichem Tode nun wohl gar nichts weiter aus dem gelehrten Nachlasse des sel. Breitkopfs zu hoffen ist.

Weil H. von Murr meistens die Einrichtung der ersten Ausgabe beybehalten hat, so will ich nur auf einige einzelne Gegenstände aufmerksam machen. Von den ehrwürdigen Alterthümern, welche in Nürnberg als Reichskleinodien und Heiligthümer aufbewahrt werden, findet man sicherlich hier die zuverlässigste und lehrreichste Beschreibung, mit Verweisung auf solche Werke, worin die besten Abbildungen zu finden sind. Die sorgfältige Nachricht von einem seltenen chinesischen Werke über die Naturgeschichte, wo verschiedene Abbildungen sehr glücklich erklärt sind, verdient einen besondern Dank. Die merkwürdigen lateinischen Verse, welche das jüngste Gericht so lebhaft schildern: Iudicabit iudices - - welche ich in *Vorrath kleiner Anmerkungen* habe abdrucken lassen, liest man in Nürnberg unter einer Abbildung des jüngsten Gerichts. Sie müssen also ehmals sehr oft wiederholet seyn. Ich finde sie auch in *Del-Rio* disquisit. magicis V. I. pag. 745, doch mit einiger Veränderung, eingerückt.

Einen artigen Zusatz zur Geschichte der Nachtwächter, in meinen Beyträgen zur Gesch. der Erfind. 4. S. 132, finde ich hier S. 338. Als sich Kayser Frieder. III. im J. 1487 zu Nürnberg aufhielt, ließ er auf einem Thurme, und zwar auf einem Erker desselben, ein großes zinnernes Horn zurichten, welches von einem Blasebalge, der getreten ward, geblasen ward. Mit demselben zeigten die verordneten Wächter Tag und Nacht die Stunden an, so daß man das Getön über die ganze Stadt hören könte. Es wäre doch noch die Frage, ob es nicht noch jetzt nützlich seyn könte, ein großes Horn durch einen Blasebalg blasen zu lassen, um Zeichen in weiter Ferne zu geben. — Solte die Vorstellung des Lotto publico, deren S. 352 gedacht ist, schon die übel berüchtigte Zahlenlotterie seyn? Solte diese schon 1715 in Nürnberg bekant gewesen seyn? Fast solte man dieß vermuthen, indem die so genante Klassen-Lotterie damals in Teutschland schon zu sehr bekant war, als daß sie eine Abbildung hätte veranlassen sollen. S. 627 erinnert H. von Murr, daß Kästner in seiner Geschichte der Mathemat. 2 S. 319 unrichtig Königsberg für den Geburtsort des Joh. Regiomontani angegeben hat. Er war zu Unfind, einem Pfarrdorfe in Sachsenhildburghausischen gebohren. Wer die

die Geschichte dieses Mannes näher kennen will, lese: Notitia trium codicum autographorum J. Regiomontani in bibliotheca de Murr. cum tabula aenea. Norimb. 1801. 3 Bogen in 4. Ich will diese Gelegenheit nutzen, noch einige kleine Schriften des H. v. Murr anzuzeigen, welche durch den Buchhandel wohl nicht sehr bekant werden möchten. Beschreibung der ehemals zu Aachen aufbewahrten 3 kayserl. Krönungskleiden, des lateinischen Evangelienbuchs, des erzbischen Säbels Karls des G. und der Kapsel mit der Erde, worauf das Blut des Stephanus geflossen. 4 Bogen in 4. und 2 Bogen Kupfer, welche für die Diplomatik wichtig sind. Notitia codicum musicorum Guidonis Aretini et Wilh. Hirsaugiensis, 1 Bogen in 4. und ½ Bogen Kupfer. Ueber die heilige Ampulle in Reims, welche 1794 zerbrochen wurde. 1801. 1 Bogen in 8. Das Gefäß ist hier abgebildet. Es ward, wie so viel merkwürdigere Kunstwerke und Alterthümer, auf Befehl derer, welche damals die Franzosen regierten, zerbrochen. Charta fundationis novi Hospitalis ad spiritum sanctum Norimbergae 1339 2¼ Bogen in 8. 1801. — Noch zeige ich an, daß die erste Ausgabe der Beschreibung von Nürnberg Kupfertafeln hat, welche der neuen fehlen.

X.

X.

Die Kunst Tabellen zu fertigen, oder Anleitung, die vorhandenen Tabellen gründlich zu beurtheilen und systematisch zu ordnen; die mechanischen Erfordernisse kennen zu lernen, um bekante Tabellen zu verbessern und neue zu entwerfen. Nebst einer Samlung der vorzüglichsten Tabellen, Register und Extracte. Leipzig. 1801. Ein Alphabet in Folio.

Der große Nutzen, welchen die Tabellen auch bey der Landwirthschaft, bey Fabriken und Manufacturen, bey der Handlung, bey vielen Theilen des Cameralwesens u. s. w. leisten, hat schon längst den Wunsch erregt, daß jemand dazu eine brauchbare Anleitung, und eine Samlung der besten bis jetzt erfundenen Tabellen liefern möchte. Der ungenante Verf. dieses Werks hat diese doppelte Absicht gehabt, und sein Buch beweiset, daß er viel darüber gesammelt, viel darüber scharfsinnig nachgedacht, und selbst in dieser Kunst sich große Fertigkeit erworben hat. Man muß ihm auch für manche

vor-

X. Kunst Tabellen zu fertigen.

treflihe Bemerkung Dank abstatten; aber fast unwillig wird man, wenn man bemerkt, daß er viel mehr hätte nutzen können, wenn er nicht blos nur die Materialien angezeigt, oder gleichsam hingeworfen, sondern solche selbst verarbeitet oder lehrreich ausgeführt hätte. Aber sein Vortrag ist so aphoristisch, so abgebrochen, so oft unterbrochen, und abgekürzt, daß man, wenn man auch selbst nicht unerfahren und ungeübt in dieser Kunst ist, dennoch sehr oft nicht errathen kan, was der V. hat sagen wollen. Zuweilen geräth man auf den Argwohn, als ob dieß in der Absicht geschehen sey, seine mündlichen Erklärungen nothwendig zu machen, und als ob diese Bogen nur ein Leitfaden zu Vorlesungen über die Kunst, Tabellen zu entwerfen, seyn sollen; gleichwohl findet man darüber nirgend Gewißheit.

Der V. hat sich dabey nicht auf diejenigen Tabellen, welche der Oekonom und Cameralist brauchen kan, eingeschränkt, sondern er hat das Wort in der allergrößten Ausdehnung genommen, so daß hier sogar Aufschriften, Inschriften, Meilenzeiger, Neppersche Rechenstäbe, magische Quadrate, astronomische und chemische Tabellen, Kalender, und noch viele andere Arten mit ihren Veränderungen vorkommen. Dabey wun-

wundert mich, daß doch derjenigen Tabellen nicht gedacht ist, welche beym Kriegswesen, bey den Regimentern und Compagnien gebräuchlich sind, und gewiß zu den volkommensten gehören. Viele hier genante Tabellen sind gar nicht erklärt worden, sondern die Leser sind auf Bücher verwiesen worden, worin dergleichen vorkommen; und so gehört gewiß zum volständigen Verständniß dieses Buchs eine große kostbare Büchersamlung aus fast allen Theilen der Wissenschaften, und manche kabalistische und alchemistische Bücher, welche hier angeführt sind, möchten schwer zu finden seyn. Es ist wahr, daß hier viele Tabellen abgedruckt sind, aber sie werden nicht so viel nutzen, als der V. davon erwartet hat, weil hier die Erklärung der Gegenstände, welche tabellirt werden, (ich bitte mir diesen Ausdruck der Kürze wegen zu erlauben) fehlt. Dieß wäre nicht der Fall gewesen, wenn sich der V. nur auf politische oder cameralistische Tabellen, oder auf Tabellen über eine gewisse Art von Gegenständen eingeschränkt hätte, deren Kentniß er denn bey den Lesern hätte erwarten oder fordern können. Uebrigens gehört dieses Buch zu der Art Büchern, wovon man unmöglich eine Anzeige oder Recension dergestalt machen kan, daß der Leser derselben daraus abnehmen könne,

was

X. Kunst Tabellen zu fertigen. 525

was er in den angezeigten Büchern zu erwarten hat.

Ich will noch einige Abschnitte oder Gegenstände, welche hier berührt sind, besonders nennen. S. 16 ist ein Verzeichniß der neuesten Anleitungen zur Geschwindschreibkunst gegeben worden. Eine gar kurze Anleitung, Linien zu ziehen und einzutheilen; Register zu machen, Zellenzähler zu machen, u. s. w. leyder! alles gar zu kurz und undeutlich. Viele Tabellen, welche in mancherley Büchern vorkommen, hat der Verf. verbessert, aber er hat es seinen Lesern gar zu schwer gemacht, die Verbesserungen zu verstehn. Endlich auch noch ein Verzeichniß solcher Bücher, welche ganz in Tabellenform, oder mit vielen Tabellen gedruckt sind.

XI.

Humphry Marshalls Beschreibung der Landwirthschaft in der Grafschaft Norfolk. Uebersetzt von dem Graf von Podewils auf Gusow. Zweyter Theil. Berlin 1798. 472 Seiten in 8.

Noch jetzt wird hoffentlich manchen Lesern ein kleiner Auszug aus der Fortsetzung dieses Buchs, dessen erster Theil Biblioth. XIX. S. 591. angezeigt ist, angenehm seyn. Dieser zweyte fängt mit dem Getreidebau an. In einer Gegend von Norfolk ist seit einigen Jahren das Pflanzen des Weitzens fast algemein geworden. Vom Vortheile ist man überzeugt; es kömt nur darauf an, daß es nicht an Arbeitern fehlt. Das Eggen geschieht mit einer Strauchegge. Wenn der Weitzen viel Mohn oder Kläprosen zwischen sich hat, so wird er dort mit Schweinen überhütet, welche das Unkraut herausfressen und dem Weitzen wenig schaden. Man meint dort gewiß zu wissen, daß die Barberitzenstaube, und zwar durch ihren Samenstaub, dem Weitzen schade. Der H. Uebersetz. erinnert dabey,

daß

daß so etwas auch im Märkischen Wochenblatte 1798. S. 68 versichert werde; und ich erinnere mich, es schon sonst wo gelesen zu haben. Buchweitzen wird in Norfolk mehr, als im ganzen übrigen England gewonnen. Er ist dort das algemeine Futter für Schweine und Federvieh. Beyde mästet er geschwind und gut; bisweilen läßt man ihn für die Schweine schroten. Wird er nicht geschroten, so vermengen ihn manche mit Hafer oder Erbsen, damit ihn die Schweine gehörig kauen mögen.

Ausführlich vom Anbau der Rüben. Viel von den Raupen, welche die Rübenfelder in unzählbarer Menge verwüsten. Um die noch unangegriffenen Aecker zu sichern, umzieht man sie mit einem Graben, in dessen lockerer Erde das Ungeziefer umkömt, wenn es weiter ziehen will. Junge Enten verzähren dieß Ungeziefer in Menge, und werden deswegen nach S. 144. auf die Rübenfelder getrieben. Das Insect soll Tenthredo rapae seyn, über dessen Lebensart hier viele Beobachtungen gemacht sind, welche auch zum Theil in Philosoph. trans. vol. 73, I. p. 217 eingerückt sind. Es ist sehr gewöhnlich, die Rüben auf die Stoppeln zu werfen, und sie da vom Viehe aufsuchen zu lassen. S. 209. Sie werden unabgeputzt, so wie sie aus der Erde kommen, hingeworfen. Wenn das Vieh die Nacht über anf den Stoppeln bleibt, so wirft man ihm an der Hecke etwas Stroh zum Lager hin. Dadurch werden die Stoppeln niedergetreten und der Boden erhält den Dünger. Manches Fettvieh bekömt kein anderes Futter, als Rüben und Gerstenstroh. Manche geben gegen das Frühjahr etwas Heu, bis das Gras heran gewachsen ist. Andere mästen das Vieh auf dem Hofe, wo die Rüben in den hingestelleten Krippen vorgeworfen werden. Dann wird auch täglich ein Paar mal Stroh in die Krippen gegeben. Auf einigen Höfen hat man bedeckte Schoppen, unter denen das Vieh, bey ungestühmer Witterung, Schutz findet. S. 215.

S. 230 folgt die Nachricht von den dort gebräuchlichen Futterkräutern. Man klagt über eine Raupe, welche die Graswurzeln verzähret, und hält sie für die Made der Maykäfer; aber nach der Beschreibung S. 276. scheint sie die gemeine Grasraupe, Phalaena graminis, zu seyn. S. 292 von der Rindviehzucht. Gelegentlich S. 303 eine Vorschrift zur Zurichtung des Labs. Wärmere Milch gerinnet damit geschwinder; aber je kälter die Milch ist und je langsamer sie gerinnet, desto feiner und zärter wird der

Käs

Käs, welcher dann aber mehr Zeit erfordert, ehr er zum Verkaufe tüchtig wird. Hier lieset man eine ausführliche Nachricht von der Bereitung mehrer Arten Käse. S. 340 von der Butter. Weil sie sich nicht scheidet, wenn die Sahne schäumt; so muß man das Butterfaß öfnen, um Luft hinein zu lassen. Von Erziehung der Kälber. Zuletzt auch noch etwas von der Kaninchenzucht, welche sich nicht wohl für flaches Land schickt, sondern für sandige Hügel.

XII.

W. Marshall Beschreibung der Landwirthschaft in Yorkshire. Aus dem Englischen übersetzt von dem Grafen von Podewils auf Gusow. Erster Theil Berlin 1800. 384 Seiten in 8. Zweyter Theil. 1801. 358 Seiten.

Die Urschrift ist bereits im 16ten Bande S. 534. angezeigt worden. Daß die Uebersetzung mit genauer Kentnß der Sachen und der Sprache, und mit großem Fleiße gemacht worden, das braucht nicht erst versichert zu werden. Sie hat dadurch so gar noch Vorzüge vor der Urschrift erhalten, daß ihr Ergänzungen aus den durch den board of agriculture veranlaßeten Topographien gegeben sind. Den Lesern ist auch durch die vorgesetzte Vergleichung aller Maaßen und Geldarten keine geringe Erleichterung verschaft worden. Auch im Buche selbst sind überal die Angaben der Zahlen verteutscht worden. Zum Beyspiel 1. p. 30 u. Th. I. S. 27: Some years ago the price was extremely high; forty or fifty years purchase upon a very high rent: lands not worth fifteen Shillings an acre rent were sold for forty pounds purchase. „Vor einigen Jahren war der „Preis sehr hoch. Er stand au 40 bis 50 „Jahr Ankaufs (t. biß 2½ Petch. Land, das „kaum 15 Sh. p. Acre (3 Thal. 3 gr. p. „Morgen) Pacht gab, wurde für 40 ℒ. p. „Acre (166 Rthr. 16 gr. p. Morgen) ver„kauft." Weil ich das Werk zum zweyten mal in der Uebersetzung, und zwar mit Vergnügen und Nutzen, gelesen habe, so will ich noch einiges auszeichnen, was die Reichhaltigkeit desselben beweiset.

T. I. S. 41 lieset man die in Yorkshire gewöhnlichen Pachtbedingungen, welche dort viel zahlreicher als in Teutschland sind. Wer die englische Gemeinheitstheilung mit der

teut

XII. Maćshalls Landw. in Korksh. 531

teutschen vergleichen will, findet hier dazu die nöthigen Nachrichten. S. 106 chemische Untersuchung verschiedener Arten Mörtel aus alten Gebäuden. S. 144 Anleitung Viehtränken und andere Wasserbehälter anzulegen. Viel Lehrreiches findet man S. 362 über Kalkbrennereyen, wozu H. Geh. Kr. Rath Langhans manche Anmerkungen aus seiner Erfahrung hinzugeseßt hat.

Der andere Theil fängt mit S. 353 des ersten Theils der Urschrift an. S. 4 ein Verzeichniß der Unkräuter mit linneischen und englischen Namen; auch manches von der Ausrottung. Klebkraut, Gal. aparine, wird dort für das schädlichste Unkraut des Weißens gehalten, von dem sich der Saame schwer scheiden läßt; so wie es auch schwer fällt, den Kleesaamen von dem Saamen des krausen Ampfers, Rum. crispus, zu reinigen. S. 78 von den Wetträgereyen, welche mit den Zähltzetteln der Kaufleute, deren ich oben S. 265 gedacht habe, getrieben werden. Die Aussteller gewinnen nicht nur durch die Zinsen des baaren Geldes, statt dessen sie Zettel geben (also nicht durch die Zinsen, die sie nehmen); sondern auch durch die dead notes, oder durch diejenigen Zettel, welche durch Zufälle verlohren gehn, zu deren Ersetzung sie also nicht angehalten werden können.

Mm 4   Wenn

Wenn das Papiergeld (nämlich für kleinen Werth) nützlich ist, warum, sagt der V. veranstaltet es denn nicht der Staat und zieht den Vortheil davon? Unter den Getreidearten kommen hier Abarten vor, welche sich schwer erkennen lassen. Sibirian oats oder Tartarian oats scheint mir *Avena orientalis* zu seyn, welchen auch Arduino Avenam tararicam nennet. — Solte wohl mostly single und mostly double richtig übersetzt seyn? Die Pflanzen stehn meist einzeln; er treibt mehrentheils zwey Halme. Wenn ich nicht irre, so ist hier die Rede von den einzelnen und doppelten Körnern der Blumen. Aber den Friesländischen Haber, der mehr Stroh geben und dünnere Hülsen haben soll, weis ich nicht zu errathen.

Die Cultur des Rübsamens und zwar des Winterrübsen, ist hier S. 98 ausführlich beschrieben worden. Auch dort versetzt man die zu dicht aufgegangenen Pflanzen auf die leer gebliebenen Stellen. Zum Abhalten der Kräuselkrankheit von den Tartuffeln (the curl), zieht man sie zuweilen aus Samen. Das Kraut bleibt klein und schrumpft zusammen; the entire top becoming dwarfish and shrivelled; als hätte es durch die Dürre oder Insekten gelitten. Dennoch bleibt die Pflanze am Leben, wächst,

jedoch nur kümmerlich, und die Wurzeln
werden nicht ergiebig. — Von den dort ge‍bräuchlichen Futterkräutern, und deren Un‍kräutern, welche hier, durch ein Versehen,
Grasarten heißen. Das Ende des andern
Theils handelt von der Viehzucht.

Seite 248 macht der Hr. Uebersetzer
darauf aufmerksam, daß unsere Sprache,
welche so viele Wörter für Rindvieh, Pfer‍de u. s. w. hat, dennoch nicht die englische
Benennung breeder übersetzen kan. Er
schlägt die Wörter: Pferde-Rindvieh-Schaf‍züchter vor. Dieser Mangel unserer Spra‍che ist allerdings sonderbar. Die Lateiner
sagten pecuarii, equarii. Varro gab sich
selbst diesen Namen, XI, 1. quod eo faci‍lius factam, quod et ipse pecuarius habui
grandes, et in Apulia oviarius, et in Re‍atino equarius. Inzwischen haben die
Schweitzer schon längst diejenigen, welche
die Rindviehzucht als ein besonderes Gewerb
treiben, Kuher genant, welches Wort in
dieser Bedeutung oft in Medicus Bemer‍kungen über die Alpenwirthschaft S. 53
vorkömt. Was der Verf. von der Beschaf‍fenheit der Hörner des Rindviehes, von de‍ren Ausartung, beygebracht hat, verdient
eine genauere Untersuchung. Er hält die
Beschaffenheit der Hörner für das sicherste

Mm 5 und

und dauerhafteste Kenzeichen der verschiedenen Racen. —

Aber solten die Milchäschen, deren S. 303. (2. pag. 197) gedacht ist, würklich von Bley seyn, wie freylich der Nahmen zu sagen scheint? now the milk is set principally in leads — provincially lead — bowls. Kaum könte man doch eine noch schlimmere Materie zu solchen Gefäßen erdenken, und solte Marshall, der sich ja über geringere Gegenstände genugsam ausgedehnt hat, nicht an die Schädlichkeit dieses Metalles gedacht haben? Ich weis jedoch jene Benennung auch nicht anders zu übersetzen; aber aus dem der Urschrift beygefügten Glossario S. 335 wolte ich wohl schließen, daß dabey gar nicht an Bley zu denken sey. "Man lieset wirr Leads-bowls (the ea long); milk-leads. Also ist es ein Provinzialwort." — Die Uebersetzung endigt sich mit der 343sten Seite der Urschrift, wo 244 ein Abschnitt mit der Ueberschrift wolds, und S. 345 List of rates, folgt. Vielleicht ist dasjenige, was man da lieset, in der Uebersetzung schon anderswo angebracht worden. Die Urschrift hat auch zwey Charten, womit man die Uebersetzung nicht hat vertheuren wollen.

XIII.

XIII.

Vom Einflusse der Regierung auf den Wohlstand der Handlung von Vital Roux, Kaufmann zu Lyon. Aus dem Französischen übersetzt, und mit Anmerkungen versehn. Erster Theil. Dresden, 1802, 312 Seiten in 8.

Der ungenante Uebersetzer meldet in der Vorrede, er habe in der Jugend, in Teutschland und Amsterdam, die Handlung erlernt, hernach aber die Rechtswissenschaft, die Staatskunde und Politik studirt; nun sey er, seit 23 Jahren, im Dienste eines der ersten Fürsten Teutschlands. Dagegen hat er vergessen, den Lesern Nachricht von der Urschrift, welche er übersetzt hat, zu geben; man findet hier weder den Titel, noch den Druckort, noch das Jahr angezeigt. Diesen Mangel kan auch ich nicht ergänzen, weil mir die Urschrift noch nicht vorgekommen ist. Ihr Verf. hat offenbar die Absicht, den neuen Machthabern in Paris vernünftigere Begriffe von dem Einflusse der Handlung und der Fabriken und Manufakturen auf die Glückseligkeit des Staats beyzubringen, als

die=

diejenigen hatten, welche vor einigen Jahren alle Gewerbe, welche für den Luxus arbeiten, ausrotten, und die beste Manufakturstadt des ganzen Reichs, Lyon, zerstöhren wolten. Zugleich warnet er, als Kaufmann, wider das leichtsinnige Schuldenmachen, wodurch fast aller Nationalcredit erstickt worden. So französisch er auch wider England gesinnet ist, so kan er sich doch nicht enthalten, das klügere Verfahren der Engländer zum Muster zu empfehlen; obgleich auch er über die Schulden derselben beynahe eben die Meynung zu haben scheint, welche schon Hume und andere vorgetragen haben, nach welchen dann längst schon ein Nationalbankerot in England hätte erfolgen müssen.

Daß der V. gründlichere und volständigere Kentniß von der Handlung hat, als gewöhnlich Kaufleute zu haben pflegen; daß er über ihren Zusammenhang mit den übrigen Gewerben und über ihren großen Nutzen sehr viel beobachtet und gedacht, auch viele französische politische Schriften gelesen und genutzet hat, das ist augenscheinlich; und sein Buch kan in Frankreich zu jetziger Zeit viel nutzen. Auch verdiente es wohl eine Uebersetzung; diese ist mit Fleiß und Geschicklichkeit gemacht, und hat manche gute Erinnerungen wider algemeine Machtsprü-
che

che oder Irrungen des Franzosen, und lehrreiche Zusätze. Wahr ist es jedoch auch, daß Kenner der neuern politischen Schriften, hier wohl nichts neues finden werden, und daß der Verf. sich selbst gar zu gern zu hören oder zu lesen scheint; gar oft durch allerley Wendungen und Vergleichungen einerley sagt, und durch seine gezierte Schreibart verdrießlich macht, welches auch selbst der Uebersetzer nicht verhelet hat. Der andere Theil, welcher noch zurück ist, scheint noch wichtiger, als der erste zu seyn. Denn darinn verspricht der Verf. von den einzelnen Handlungsgeschäften, von den Mitteln, ihnen eine einförmigere Regelmäßigkeit zu geben, und dem Betruge der Bankerottirer vorzubeugen, zu handeln. Wer wird nicht über solche Gegenstände gern das Urtheil eines erfahrnen Kaufmans lesen?

Was hier im ersten Theile von der Wichtigkeit der Handlung geschrieben ist, mag jetzt für manche Franzosen gut genug seyn; aber es verdient hier keine weitere Anzeige. Dann folgt ein Unterricht von Credit und Nationalreichthum, meistens nach Stewarts oder Smiths algemein bekanten Schriften. — Laßt uns, sagt der W., ohne Aufhören an jene entsetzliche Assignaten-Manufaktur erinnern, und es unsern Kindern wie-

wiederholen, daß die unseligste Macht die ist, welche Millionen mit Papier und Tinte zu machen erlaubt. — Mehr eigenes hat der größte Abschnitt von den Nationalschulden, wo auch die vornehmsten Zusätze des Uebersetzers vorkommen. Dieser sieht den Bankerot der Engländer noch gewisser und schneller ankommen, als der Franzos; aber keiner hat recht deutlich gesagt, worin der Bankerot eigentlich bestehen soll, und was für Würkungen er haben werde. Der Uebersetzer, dessen Kentnissen viel weiter als des Franzosen gehn, verkennet den Unterschied zwischen den Nationalschulden und den Schulden eines Kaufmanns oder einer Handlungs-Geselschaft nicht. Staatsschulden sind, sagt er S. 71, nur Schulden der Regierung, nicht der Nation. Wäre letzteres, so müßten alle und jede Mitglieder des Staats mit ihren Besitzungen für die Schulden des Staats haften, und diese ihre Güter den durch die Realisirung ihrer Staatsschuldverschreibungen mit barem Gelde nicht befriedigten Gläubigern des Staats, zu den auf jeden kommenden Antheil der Bezahlung einräumen. — Daraus folgt denn doch, deucht mir, daß die Vergleichung eines Nationalbankerots mit dem Bankerotte der Kaufleute, nicht passe und ganz falsche Vorstellungen und ungegründete Besorgungen ver-

veranlasse. Verfasser und Uebersetzer scheinen darüber einig zu seyn, daß die Engländer besser, als jede andere Nation die Behandlung der Staatsschulden verstehn; daß sie unter sich Leute genug haben, welche wider Gefahr warnen, und die Gefahr übertreiben, und dennoch bleiben die geschicktesten Minister unerschüttert, und wenden, wenn der sinking fund Kapitalien vorräthig hat, solche nicht allemal zu Abtragung der Schulden, sondern oft auf Gegenstände an, welche der Nation größere Zinsen tragen, als die sind, welche sich die Inhaber der Staatsobligationen, nach almäliger Heruntersetzung, gefallen lassen. Es ist also wohl zu glauben, daß das Prognostikon, was die neuern den Engländern S. 69 stellen, eben so wenig eintreffen werde, als das, was Hume angab. Wegen der falschen Nebenideen solte man lieber das Wort Bankerot gar nicht von Nationen brauchen. Im Verstande der Kaufleute wird eine Nation nie bankerot; sie cedirt nicht bonis; sieht nicht ihre Güter verkaufen und für sie ist keine Concursordnung denkbar. Es ist weiter nichts als eine Vergleichung, et omne simile claudicat.

Es folgt ein Abschnitt von Banken, wo doch die Ordnung und Klarheit, woran uns Büsch gewöhnt hat, vermisset wird.
Der

Der Uebersetzer trägt kein Bedenken S. 158 den Sachsen eine Zettelbank zu wünschen; er kennet freylich den schrecklichen Misbrauch, meint aber dieser sey bey der jetzigen freylich vortreflichen (aber doch nicht unsterblichen) Regierung nicht zu besorgen. Der Franzos sucht in einem besondern Abschnitte Waarenverbote zu widerrathen; und den Lyoner Seiden-Fabriken Absatz überal, vornehmlich in den nördlichen Reichen, zu verschaffen. Der Uebersetzer hat diese Eigennützigkeit in seinen Anmerkungen sehr gut eingeschränkt. So gar tadelt der Verf. das strenge Verboth der englischen Waaren in Frankreich; nicht nur um consequent zu seyn, sondern auch weil daduch mehr geschadet, als genutzet werde. Auch aus Frankreich gingen rohe Materialien, welche nach der Verarbeitung wieder zurückkämen; aber die S. 189 angeführten Beyspiele bedeuten nicht viel. Die Okerarten von Berry kaufen die Franzosen den Holländern wieder unter dem Namen Preußischroth ab.

Die Revolution, sagt der V. S. 219 hat alle vormalige zur Beförderung des Handels gemachten Anstalten zernichtet, und nichts an deren Stelle gesetzt. Die Manufacturen sind den Ausschweifungen einer unbegränzten Freyheit überlassen, die ihren Fortschritten viel-

vielleicht schädlicher ist, als die vielfachen Bande, mit denen man sie sonst umgab. S. 243 werden die Oekonomisten von Verf. und Uebersetzer widerlegt. Beyde tadeln auch die Auflagen auf den Gewinn der Kaufleute, und letzterer hat sehr richtig die Vorurtheile von dem ungeheuern Gewinn der Kaufleute widerlegt. Wie viel ein Kaufmann würklich gewonnen habe, das lasse sich nur erst am Ende seiner kaufmännischen Laufbahn entscheiden. Sehr wahr! Aber der übertriebene Luxus, den die meisten Kaufleute sich auf dieser Laufbahn erlauben, unterhält jene Vorurtheile. Sie genießen oft unmäßig bis zu dem Augenblicke, da sie alles verliehren, und obgleich nicht dieser Aufwand den Bankerot allein oder vornehmlich verursacht hat, so scheint es doch so demjenigen, welcher die Handlung nicht ganz kennet, und sie unrichtig mit andern Gewerben vergleicht. Also haben die Kaufleute viel selbst Schuld, daß sie zu sehr beneidet werden, und im Unglück weniger Mitleiden beym Publikum finden, als sie verdienen. — Die letzte Anmerkung des Uebersetzers ist folgende Lehre: besser ist es, die Regierung thue nichts für die Handlung, als etwas auf eine ungeschickte Weise.

XIV.

Entwurf einer Ackerbau-Theorie nach der Natur und den neuern Erfahrungen systematisch geordnet von Andreas Karl Samuel Freyherrn von Richthofen, z. Z. Landesältesten, wie auch Marsch- und Oekonomie-Urbarien-Commissario des Striegauischen Kreises. Leipzig 1801. erster Theil 356 Seiten; zweyter und letzter Theil 192 Seiten in 8.

Von diesem Buche, dessen scharfsinniger Verfasser alle bisherigen Theorien und Hypothesen von der Vegetation der Pflanzen, von der Fruchtbarkeit der Erde und vom Ackerbau anzureissen, und aus den Bruchstücken derselben, mit Einmischung der neuen chemischen Lehren und Meynungen, eine ganz neue Theorie aufzuführen versucht hat, findet man in dem ökonomischen Samler 2. S. 158 (*) eine Anzeige, worin alle bisher erfundenen Mittel, Aufmerksamkeit,

Neu-

(*) Diese Anzeige ist dem Herausgeber, dem Hrn. Prof. Weber, zum Einrücken zugeschickt worden. Ihr Verfasser hat sich nicht genant.

Neugierde, Erwartung und Bewunderung zu erregen, meisterhaft angebracht sind. Diese Ueberzeugung des Recensenten von der Richtigkeit dieser neuen Ackerbau-Theorie läßt mich glauben, daß ihm die Anzeige derselben viel richtiger gerathen sey, als sie mir, bey meiner Abneigung von Hypothesen, welche, ich leugne es nicht, mit dem Alter zunimt, gerathen würde. Ich bitte deswegen um Erlaubniß, diese Anzeige hier einrücken zu dürfen, und zwar wörtlich, jedoch mit Vorbeylassung vieler leeren Lobeserhebungen, womit ich meine Leser nicht behelligen mag. Ob übrigens diese Theorie haltbar sey, oder Haltbarkeit oder Haltung habe (um auch einmal die Lieblingswörter derer anzubringen, welche ihre Meynungen, Erklärungen und Eintheilungen für die allein wahren halten); dieß mag jeder Leser des Buchs selbst beurtheilen.

„Als Haupt-Prinzipien der Ackeröko-
„nomie finden sich von dem Verfasser ange-
„nommen:"

1) „unter dem dießfalls besonders und
„ausdrücklich angenommenen Kunstausdru-
„cke, der so genante Graswuchs; als wel-
„cher die bey dem Ackerbaue jederzeit leiten-
„de, erste Grundkraft in der Natur, aus-
Nn 2 ma-

„mache. Der Verfasser verstehet unter
„Graswuchs überhaupt: die Summe aller
„dem Erdboden von jeher durch die bekanten
„Naturwürkungen bey gemischten fasern- und
„pflanzenartigen, der Fäulniß aber algemein
„fähigen Theile."

2) „die ebenfals durch ihre besonders
„dazu ausgewählte technische Benennung nä-
„her bezeichnete Temperatur; als zweite
„überal in der Natur die Ausführung von
„jener Kraft befördernde oder auch nach Um-
„ständen verhindernde, zweite Grundkraft.
„Dieser (der Temperatur nämlich) liegt nun
„eigentlich der chemische Hauptbegriff von
„Wärme und Kälte zugleich zum Grunde,
„womit alzeit im Erdboden und zwar mit
„der Wärme die Trockenheit, so wie mit der
„Kälte hingegen die Feuchtigkeit oder Nässe,
„vergesellschaftet bleiben."

„Der erste, der Graswuchs, wird
„nun abermahls abgetheilt: a) in dessen
„leicht auflößbaren Theil, oder, als Gäh-
„rung beförderndes Mittel betrachtet, in
„die Gährung erregende Kraft, und b) in
„dessen schwerer auflößbaren Theil, der nach
„jedesmal beendigter Gährung von jeher im
„Rückstande verblieben ist, und, um in
„Gährung aufs neue wieder gerathen zu
„kön-

„können, des ersteren Theils, des Gras,
„wuchses, als eines Gährungsmittels, je,
„derzeit und immer wieder bedarf."

„Der erste Theil des Graswuchses ist
„der, welcher zugleich die hauptsächlichste
„Nahrung der so genanten Getreidearten
„ausmacht, der einem Acker durch die neuere
„Graswuchserzeugung, wenn er dessen durch
„den Anbau jener beraubt worden ist, jedoch
„bald wieder zugetheilt wird; zugleich auch
„derjenige, womit der Bauer den Begrif
„des Wortes Ruhe verbindet. Ausführ=
„licher und auf eine ungemein faßliche, selbst
„die Richtigkeit der vorgetragenen Ackerbau=
„Theorie sogar sicher bestätigende Weise,
„findet man diesen sehr gewöhnlichen Kunst=
„Ausdruck Ruhe des Ackers, auch in
„Hinsicht auf die dabey besonders zu beach=
„tende Temperaturbestimmung, Theil 1.
„§. 188, näher erläutert. Der zweyte
„Theil des Graswuchses (der schwerer auf=
„lößbare) hingegen konstituirt die bekannte
„Dammerde, Faul= oder Rasenerde.
„Von dieser hängt in Ansehung ihrer Qua=
„lität und Quantität, nicht sowohl die künst=
„lich erzeugte als vielmehr die natürliche
„Güte des Landes, oder Erdbodens beson=
„ders ab. Auf diese kurzen Sätze gründet
„sich nun die dabey beobachtete Ordnung; so
„wie

„wie durch die dann weiter ausgeführte Ver-
„bindung, und die dadurch erzeugten man-
„nichfachen Modificationen jener beyden
„Grundkräfte nach ihren verschiedenen Tem-
„peratur-Abwechselungen unter sich, vielfa-
„che Veränderungen entstehen. Durch alle
„beyden Theile der Ackerbau-Theorie hin-
„durch ist diese Ordnung unverrückt beybe-
„halten worden; so, daß zwar immer der
„Graswuchs, als zuerst leitendes Prinzip,
„die Temperatur aber auch stets, als ein
„bey dem Ackerbau bestimmendes, oder auch
„ausübendes Grundprinzip aufgestellt blei-
„ben."

„Im ersten Theile werden zuerst der
„Graswuchs, und dann die Temperaturs-
„Eigenschaften, in Hinsicht auf Theorie und
„Praxis, ausführlich erläutert; dann wird
„von den Mitteln, die Fruchtbarkeit einem
„Acker zuzuwenden, daher auch besonders
„vom Dünger, seiner Anwendung und der
„Zubereitung des Landes, um ihn damit
„(oder mit dem gehörigen Graswuchse) zu
„versehen, gesprochen; sodann aber von der
„Anwendung dieser erhaltenen Fruchtbarkeit
„zur benöthigten Getreideerzeugung und dem
„Erdboden selbst gehandelt: so wie auch die
„Bearbeitung, und andere hieher gehörige
„Hülfsmittel noch näher erläutert werden.

„Un-

„Unter diesen letzteren verbleibt das Capitel
„von dem Unterschiede unter Gährungsfä-
„higkeit und jedesmal wirklicher Gährungs-
„thätigkeit besonders bemerkt zu werden;
„der Zweck davon ist, jeder sinnlichen Täu-
„schung möglichst vorbeugen zu können. Im
„zweiten Theile, wird von der näheren An-
„wendung der vorgetragenen Grundsätze, Be-
„rechnung und Form eines anzunehmenden
„Ackerumschlages, nebst andern hieher ge-
„hörigen Dingen, in eilf besonderen Capiteln
„oder Abschnitten, gehandelt. Diese letzte-
„ren stehen nun wieder in genauer Verbin-
„dung mit den zur Erläuterung beygefügten,
„äußerst instruktiven zwey Tabellen; von
„denen die erste auf die natürliche Gras-
„wuchserzeugung abgemessen, die zweyte
„aber für den Gebrauch und die Anwendung
„des künstlich zu erzeugenden Graswuchses
„eingerichtet, noch viel deutlicher, und um
„das Ganze übersehen zu können, auch ein-
„leuchtender ausfält. Der Grund von der
„alleinigen Möglichkeit des Letzteren, liegt
„in der besondern Natur der für den höheren
„Ackeranbau allemal vorzüglichern künstli-
„chen Graswuchsanwendung; wonach alles
„viel bestimmter und den angegebenen Grund-
„sätzen gemäßer, als in jenem schon seiner
„Natur nach undeutlichem Falle, der natür-
„lichen Graswuchsanwendung nähmlich an-
„ge-

„gegeben werden kann. Wir können hier-
„bey nicht unbemerkt laffen, wie nöthig die
„vorgefundene Trennung des natürlichen
„Graswuchses von dem künstlichen, in jeder
„Hinsicht, besonders aber wegen der Deut-
„lichkeit und der verständlichen Ausführung
„der vorgetragenen Säße, wovon der Ab-
„schnitt über Abschaffung der Brache auch
„einen Beweis liefern kan, allerdings ist.
„Sehr lehrreich bey der zweyten Tabelle ist
„die Bestimmung nach der Gradation in der
„Temperatur; woraus zu ersehen, daß der
„Verfasser seinen vorhin angegebenen Grund-
„sätzen immer treu geblieben ist, und sich nie
„davon entfernt hat. Die besondere Schluß-
„Anwendung nebst den beyden tabellarischen
„Uebersichten haben noch in ästhetischer Rück-
„sicht das Anziehende, daß die daraus her-
„vorgehende Entwickelung gewissermaßen
„mit der Lösung des Knotens in irgend einer
„dramatischen Vorstellung füglich verglichen
„werden kan. Diesem nach, ist es dem
„Verfasser geglückt, ein bisher noch unent-
„worfen gebliebenes, und in seiner Art ein-
„ziges systematisches Ganze in seiner neuen
„Ackerbau-Theorie uns aufzustellen; da
„Graswuchs und Temperatur, (diese zwey
„bey dem Ackeranbaue zuerst und vereiniget
„wirkenden Naturkräfte) stets unzertrennet
„mit einander verbunden geblieben und bis

„da-

„zu Ende der Schrift (aus dem richtigen
„Gesichtspunkte betrachtet,) von dem Ver-
„fasser gegenseitig mit unverwandtem Auge;
„fortdauernd betrachtet worden sind."

XV.

Der Apotheker-Garten, oder Anweisung mehre in den Apotheken brauchbare Gewächse zu erziehen von Friedr. Gottl. Dietrich, Weimarschem Hofgärtner. Weimar. 1802. 427 Seiten in 8.

Diese Bogen sollen denen dienen, welche Arzneygewächse in Gärten ziehen wollen, und weder Millers Gärtner Lexicon, noch sonst ein ähnliches Buch zur Hand haben. Diese finden hier das nothdürftigste ganz kurz angezeigt. Bey jeder Pflanze ist der Linneische Charakter übersetzt, die Dauer, die Zeit der Aussaat und der schicklichste Boden angegeben worden. Die Ordnung ist nach dem Linneischen System. Auch Bäume und Stauden sind hier aufgeführt, aber auch kurz abgeführt worden. Die Frage, ob es einem Apotheker der Mühe werth seyn könne, alle diese Gewächse selbst zu ziehen, ist

hier

hier nicht berührt worden. Schwerlich wird etwas versuchen, Ericae, Vaccinia, Lycopodium u. d. anzubauen. Wie manche Pflanzen in einigen Gegenden vortheilhaft in Großen gezogen werden, davon ist hier nichts gesagt worden. Wider den Einwurf, daß die Apotheker billig die wild wachsenden Pflanzen, als die würksamsten nehmen sollen, werden zuweilen Erfahrungen angeführt, welche auch die Würksamkeit der Gartengewächse beweisen. S. 122 sagt der V. ihm sey es einmal geglückt, Mistel auf Eichbäumen zu versetzen. S. 128 wo von Erziehung der Hülsen oder Stechpalme die Rede ist, ist doch vergessen anzuzeigen, daß sie durchaus Schatten oder Schutz wider die Sonne fordere. Saflor kan bequem zwischen Möhren gezogen werden. Zu Edinburg sah der V. Ferula assa foetida im Freyen stehn; nachdem der Baum auf einem Treibebeete aus Samen gezogen war. S. 388 auf welche Weise es dem Verf. geglückt sey Lycopodium clavatum zu verpflanzen. Am Ende steht ein Verzeichniß der Apothekerpflanzen, mit den Preisen, wofür sie vom V. verkauft werden. Dieser gedenkt nun ein ausführliches Gärtnerey Lexicon zu liefern; es wird gut werden können, wenn es nicht zu geschwind geschrieben wird.

XVI.

XVI.

Essai sur les moyens de perfectionner les arts économiques en France. Par *A. F. Silveſtre*, secretaire de la société d'agriculture du département de la Seine. A Paris an. IX. 176 Seiten in 8.

Zu den unzähligen Arten des Unglücks, welches sich die Franzosen durch die Revolution zugezogen haben, gehört nicht nur die Stöhrung und Zerstöhrung der meisten und besten Gewerbe, sondern auch derjenigen Anstalten, welche, unter der königlichen Regierung, zur Verbesserung der Gewerbe angefangen waren. Die traurigen Folgen davon für alle Theile der Landwirthschaft giebt der V. ziemlich dreist an, um seinen Vorschlägen, zur Aufhelfung derselben, Achtung zu verschaffen. Diese deuten einen redlichen Mann an, der mit der Landwirthschaft und mit dem, was in andern Staaten für dieselbe gethan ist, sehr gut bekant ist; so wie er nicht selten auch auf teutsche Beyspiele und Schriften verweiset. Seine Vorschläge gehn vornehmlich dahin, einen doppelten Unterricht in allen Theilen der

der Landwirthschaft zu veranlassen; nämlich einen wissenschaftlichen Unterricht für die vornehmere Klasse der Landwirthe und für die, welchen die Kentnisse derselben als Bedienten des Staats durchaus nicht fehlen solte; dann aber auch einen practischen Unterricht für die, welche selbst die landwirthschaftlichen Arbeiten verrichten sollen. Dahin gehören zum Beyspiele Försterschulen, Schulen für die Hirten, Viehärzte, für die Zucht der Bienen, der Seidenraupen u. s. w. Auch giebt er die Oerter an, wo solche Schulen am besten angelegt werden könten. Er lobt die Teutschen, welche längst auf ihren Universitäten Vorlesungen über die verschiedenen Gewerbe eingerichtet und ihre Benutzung betrieben haben. Wenn man dieses hier lieset, so weis man nicht, was man über unsere neuere, meistens freylich junge Reisende urtheilen soll, welche in dem consularischen Frankreich überall musterhafte Anstalten zum Besten aller Gewerbe gefunden haben wollen, und immerhin fortfahren teutsche Anstalten tief unter den französischen zu erniedrigen, und zwar zu einer Zeit, wo selbst die vernünftigsten Franzosen das Gegentheil erweisen, und ihren Nationaldünkel zu mäßigen suchen.

S. 31 lieset man, daß man die von Spanien erzwungene Erlaubniß, innerhalb

fünf

XVI. Eſſai par Silveſtre.

fünf Jahren tauſend Schafe und hundert Widder jährlich aus Spanien zu bringen, noch wenig genuͤtzet habe. S. 33 wird beklagt, daß die, welche zur Zeit der Revolution regierten, ſo wenig von ihren Pflichten verſtanden, daß ſie ſo gar alle Stutereyen eingehn ließen, weil ſie meinten, man müſſe die Landwirthſchaft ganz dem Intereſſe der Privatperſonen überlaſſen, und der Staat brauche ſich darum nicht zu bekümmern. Auch um dieſen Fehler wieder gut zu machen, zwang man den Spaniern die Erlaubniß ab, fünf Jahre jährlich eine beſtimte Zahl Hengſte in Spanien aufkaufen zu dürfen; aber auch dieſe Erlaubniß ſey noch wenig genuͤtzet worden, theils weil die Anſtalten fehlten, dieſe Pferde in Stutereyen unterzubringen, theils auch, weil man nicht ſo viele in Spanien zum Ankauf finden konte. Abſcheulich ſind die Nachrichten von Verwüſtung der Waldungen. In zwanzig Jahren iſt der Preis von eins auf vier geſtiegen, und noch iſt nichts zu Abhelfung dieſes Mangels geſchehen. Faſt alle Domainen Waldungen ſind veräuſſert, und die meiſten ſind von Signeurs veröbet worden.

Zu den Vorſchlägen des Verf. gehört die Anlegung eines ökonomiſchen Gartens, einer Samlung von Modellen aller ſo nun aus-

ausländischen landwirthschaftlichen Werkzeuge, auch der Handwerksgeräthe, dergleichen schon Sully in seinen Memoires VII. p. 119. nach der Londoner Ausgabe 1758 in 12 angerathen hat. (In Teutschland haben sich die Lehrer diese und andere Bedürfnisse bisher auf eigene Kosten anschaffen müssen.) So wie die Teutschen, sagt der V. alle gute Schriften der Ausländer übersetzen, und also die Kentnisse der Ausländer nutzen, so sollte dieß auch unter Beyhülfe der Regierung geschehn. Si nous ne pouvons être douteux, nous desirons nous mettre audessus de nos voisins, il faut d'abord les élever à leur niveau sous tous les rapports et connaître et imiter ce qui peut leur donner une apparence de superiorité. Es folgen einige Vorschläge zu einem Gesetzbuche für die Landwirthe, code rural. Empfehlung der teutschen Feueranstalten und Nachtwächter. So gar wird die Einrichtung der Bauerhäuser in dem so oft verhöhnten Teutschland zum Muster empfohlen. S. 116. Les maisons de paysans dans la basse Allemagne présentent des modèles de distribution, auxquels il y auroit peu à ajouter. Ermunterung zur Benutzung des Torfs. Vorschlag zu einer Leihkasse für Landwirthe, wobey freylich eingestanden wird, daß jetzt so etwas in Frankreich nicht möglich sey.

XVII.

XVII.

D. G. Beatrups Bemerkungen über die englische Landwirthschaft, gesammelt auf einer Reise in England in dem Jahre 1797. Erster Theil. Aus dem Dänischen übersetzt von D. P. Jochims, Landinspect. in den Herzogth. Schleswig und Holstein. Kopenhagen 1801. 240 Seiten in 8.; gedruckt mit lateinischen Buchstaben.

So viel auch bereits über die englische Landwirthschaft geschrieben worden ist, so findet man hier dennoch nicht wenig, was entweder noch gar nicht, oder doch nirgend so vollständig gemeldet ist. Wenige Schriftsteller über diesen Gegenstand sind so unpartheyisch als H. B. welcher nicht selten die übertriebene Vorstellung von den Vorzügen der englischen Landwirthschaft mäßigt und auch Gebrechen derselben rüget. So verdient auch die Warnung in der Vorrede beachtet zu werden, nicht alles, was etwa ein reicher Besitzer eines großen Guts versucht oder unternommen hat, für eng-

englische Sitte oder Gewohnheit zu halten. Diesen Fehler begehen, doch die meisten Leser von Youngs Reisen und Annalen, in welchen nur das seltene, ungewöhnliche oder neue gemeldet ist. Wenige haben auch so sorgfältig als der V. die Nebenumstände aufgesucht, wodurch die Dinge, welche man zu den Vorzügen der englischen Landwirthschaft rechnet, möglich geworden sind. Sehr vieles ist nicht so wohl dem Erfindungsgeiste, dem Fleiße und der Industrie der Engländer zuzuschreiben, als vielmehr der physischen und politischen Verfassung ihrer glücklichen Insel. Manche Vortheile hat das Clima, die Nachbarschaft der vielen Städte, der Ströhme und Kanäle, die gute Beschaffenheit der Heerstraßen gleichsam angebothen, welche in andern Staaten auf keine Weise erzwungen werden können.

Ursachen dieser Art hat der V. in den ersten Abschnitten gesammelt, welche man kaum ohne Neid und ohne Seufzer lesen kau, und dabey verdenkt mans denn nicht diesen Insulanern, wenn sie ihr Vaterland the happy island, the fortunate island nennen, wie der V. Seite 52. erzählt. Da giebt es, sagt er, keine Leibeigene, keine Hofdienste, keine Festebauern; da giebt es nur Eigenthümer und Pächter, blos freye
Men-

Menschen. — Die Pächter sind von den Gutsbesitzern so unabhängig, wie es ein Bürger im Staate immer seyn kan. Bey dieser Freyheit in allen Ständen, bey dieser Entfernung aller Despotie, herscht in allen Ständen the public spirit, den die Regierung anderer Länder nie keinem läßt, da, wo die Menschen, wie Maschinen behandelt, fast aller Selbstständigkeit beraubt, und, wie Kinder, am Gängelbande der unzählbaren Verordnungen und Anordnungen geleitet werden. Mit Vergnügen lieset man, wie sich in England freywillige Gesellschaften zu mancherley nutzbaren Absichten bilden. Ganze Gesellschaften leihen ein Kapital, um einen Kanal zu machen, und bezahlen die Zinsen von dem Zolle, welchen die Waaren erlegen; und von diesem Kanal ziehen Landwirthe und Kaufleute, Dörfer und Städte den größten dauernden Nutzen. Eine Gesellschaft hat den Zweck gewählt, die Diebereyen zu verhindern; eine andere die Ackerwerkzeuge zu verbessern, und die Gooseberry society in der Grafschaft Lancaster hat die Stachelbeeren in Geschmack und Größe erstaunlich verbessert, so daß man jetzt schon Stachelbeeren so groß als gute Pflaumen hat. Dahin gehören denn auch die vielen Preise und Wetten über landwirthschaftliche Vortheile, in denen einer den andern zu übertreffen sucht. Wie vortreflich ist die Einrichtung der fahrenden Posten in England gegen die, welche wir haben! Wie sehr wird das Reisen und die Versendung der Waaren in Teutschland durch die Fehler der Posten erschwert!

Die Schilderung der verschiedenen Landleute, der großen und kleinen Pächter S. 57. enthält ebenfals manches, was den Unterschied zwischen ihnen und den teutschen Landleuten keutlich macht. Besonders merkwürdig ist die Nachricht von den mannigfaltigen Abgaben der englischen Landwirthe. Die härteste Steuer, welche wahrlich der englischen Verfassung keine Ehre macht, ist die Armensteuer. Nirgend hat wohl die Armuth und Betteley weniger entehrendes als dort, wo Faulenzer, welche gar nichts haben, heurathen, Kinder zeugen, und für diese, so wie für sich, alle Bedürfnissen aus der Armenkasse fordern und erhalten. Man lieset S. 66 ein Beyspiel, daß ein Landsmann, dessen sämtliche Abgaben jährlich 5 Pf. St. (25 bis 30 Thr.) betrugen, noch 35 Pf. St. (175 Thr.) an die Armenkasse geben mußte. Die kleine fruchtbare Insel Thanet in der Grafschaft Kent muß jährlich für die Armen 25,000 Thal. aufbringen. Diese Abgabe ist nie

sich

sich gleich, und steigt nicht selten plötzlich zu einer fürchterlichen Höhe. Bey der größten Theurung will dennoch der englische Bettler nicht Rockenbrod, nicht Fleischsuppen mit Gemüß essen. Bey den hohen Getreidepreisen wurden Versuche über die Nahrhaftigkeit der Getreide- und Gemüßarten angestellet, wovon hier die Resultate angezeigt sind.

S. 87 von Taglohn und Gesindelohn. Es ist dort gewöhnlich, nur wenige Knechte und Mägde zu halten, und zu einzelnen Arbeiten, gegen einen bedungenen Lohn, Taglöhner anzunehmen. Jetzt fängt man wiederum an, aus kleinern Höfen und Pachtungen größere zu machen, wowider dann die bekanten Klagen entstehn. S. 65 von der Größe des Pachtgeldes; von der Dauer des Pachts. Jetzt werden 19 bis 21 Jahre am meisten beliebt. S. 102 die gewöhnlichen Pachtbedingungen. S. 109 von den großen Schwierigkeiten bey Vertheilung der Gemeinheiten, welche auch noch in England, und so gar nahe bey London, groß und zahlreich sind. Von Befriedigungen und Holzanpflanzungen. S. 138 von Anlegung der Viehtränken, die mit Schichten von Stein, Kalk und Thon ausgelegt werden; — eine Kunst, welche wir dann auch wohl kennen, aber nur zu selten anwenden. Was S. 144 über die Abzuggräben gemeldet ist, ist freylich lehrreich; aber einen noch volständigern Bericht davon verdanken wir Teutsche dem Hrn. Grafen von Podewils; s. oben S. 486. S. 157 vom Verbrennen der Rasen oder Plaggen, welches auch in Niedersachsen nicht unbekant ist. In England streitet man noch über den Nutzen, und der V. hat die Gründe zur Entscheidung beygebracht. S. 167 von Wässerung der Wiesen; ein sehr lehrreicher Abschnitt. S. 193 von der Düngung. Bekantlich nutzet man nirgend mehrerley Stoffe oder Materien zur Düngung, und nirgend vielleicht mit mehr Sorgfalt, als in England. Auch dort von Verbesserung des Landes mit Kalk, welche der V. gleichfals zur Düngung rechnet. Der Gebrauch des Gypses ist doch nicht den Amerikanern und den Franzosen zu verdanken, wie S. 201 gesagt ist, sondern den Teutschen, welche ihn von undenklichen Zeiten angewendet haben. Durch teutsche Schriften sind unsere Nachbarn damit bekant geworden. S. 213 vom Säen in Reihen oder parallelen Zeilen, mit dem Geständniß, daß es in England gar nicht algemein ist, und daß es der V. auf seinen Reisen nur an wenigen Orten gefunden hat. Auch über die Säemaschinen wird hier so geurtheilt,

wie

wie sie in Teutschland von den verständigsten Kennern beurtheilt werden. S. 219 Abbildung und Beschreibung von Cooks (eines Predigers) Säemaschine. S. 232 eine genaue Beschreibung und Abbildung, wie das Getreide in den Grafschaften Suffolk und Norfolk gepflanzt wird. (The dibbling).

Man ist dem Uebersetzer für seine Arbeit Dank schuldig. Ich habe zwar die Urschrift noch nicht gesehn, aber ich wage dennoch die Güte der Uebersetzung zu versichern. Nirgend ist mir eine undeutliche Stelle vorgekommen; obgleich wohl hin und wieder etwas über einzelne Ausdrücke erinnert werden könte; zum Beyspiele S. VII. unbeykommende Zufälle. S. 19 ein gutgebrügter Weg. S. 78 der Landmann brückt sich Felder zu verbessern. S. 138 das Vieh tübern. Recht sehr wünsche ich bald den zweyten Band dieser nützlichen Bemerkungen zu erhalten.

XVIII.

Samlung kleiner Abhandlungen, größtentheils aus dem Gebiete der ökonomischen Wissenschaften. Von Ludwig Wallrad Medicus, Prof. in Heidelberg. Erstes Bändchen. Manheim. 1802. 215 Seiten in Kleinoctav.

Die erste Abhandlung empfiehlt die Aufhebung der nachtheiligen Servitut der Schäferey auf den Brachfeldern der Gemeinen, und die Einführung der Futterschäferey und deren algemeine Erlaubniß, so daß jeder die Freyheit erhalte, Schafe mit eigenem Futter, theils zu Hause, theils in Horden auf eigenem Felde zu halten. Alles, was sich für diesen Vorschlag, der bekantlich schon oft empfohlen, und bereits durch Erfahrung bestätigt ist, sagen läßt, ist hier sehr gründlich beygebracht worden. S. 69 werden die gerühmten Vortheile des abgebogenen Klees, Tr. flexuosi, sehr zweifelhaft gemacht. Ich habe dieser Art in der neuen Ausgabe der Landwirthsch. S. 209 gedacht, aber ich habe ihn erst jetzt für den ökonomischen Garten erhalten können. S. 71

71 Beschreibung der Arve oder Zürbe, Pinus cembra, aus deſſen Holze die mancherley Figuren geſchnitzt werden, die auch hieher zum Verkaufe kommen. — Ich übergehe hier diejenigen Aufſätze, welche hier aus dem neuen Forſtarchive wiederholet ſind, und erwähne nur noch des letzten, in welchem die doppelte Samenumhüllung an einigen Arten der Nadelbäume, genauer als bisher geſchehen iſt, beſchrieben wird. Dieſe Früchte, ſagt der W. haben eine gedoppelte Umhüllung. Erſtens eine Halbkapſel, die ſich in einem Flügel ausdehnt, und in deren unterem Theile die zweyte Umhüllung, auf verſchiedene Art befeſtigt, jedoch frey inne liegend, vorkömt, ſo daß ſie, nach erfolgter Reife, entweder freywillig leicht herausfallen, oder mit minderer oder mehrer Mühe herausgenommen werden kan. Zweytens die geſchloſſene Samenkapſel, in welcher der Same frey inne liegt. Die erſte hat hier den Namen samara, den ſchon Gärtner gebraucht hat, erhalten.

XIX.

Wirthschaftliche Erfahrungen in den Gütern Gusow und Platow von dem Grafen von Podewils. Zweyter Theil. Berlin 1802. 265 Seiten in 4. und 128 Seiten Tabellen.

Mit Vergnügen eile ich schon in diesem Stücke der Bibliothek die Fortsetzung desjenigen Werks anzuzeigen, von dessen erstem Theile oben S. 480 Nachricht gegeben ist, welches das einzige seiner Art unter den unzählbaren teutschen ökonomischen Schriften ist. Hier ist die Rede zuerst von den Wirthschaftsbedienten, von den Kosten ihrer Unterhaltung, von ihrer Speisung; dann von dem, was von den Produkten der Landwirthschaft auf dem Gute selbst verbraucht wird. Hernach von allen Theilen der Viehzucht. Die Resultate, welche der Hr. Verf. aus seiner eigenen Wirthschaft gezogen hat, hat er mit dem, was andere angegeben haben, verglichen, und man muß gestehn, daß dadurch sein Vortrag noch lehrreicher geworden ist. Aber unmöglich ist es, alle diese Resultate auszuzeichnen. Gewiß muß es jedem denkenden Landwirthe ein lehrreiches

Vergnügen seyn, das, was er hier findet, mit seiner eigenen Einrichtung zu vergleichen.

Nach der Rechnung im Durchschnitte verzähret eine Person täglich eine Metze Tartuffeln, welche 6½ Pfund wiegt. Bey gleichem Gewicht scheint diese Frucht noch nicht ein Drittel der Nahrung gegen Rocken zu geben. Es ist sehr merkwürdig, daß der Verbrauch des Getreides, seit Einführung der Tartuffeln, nicht geringer geworden ist. Die 12 Scheffel, welche eine Person im Durchschnitte verzähret, kan man, sagt der V. Seite 10. als eine unnütze Zugabe bestrachten, welche anfänglich Wohlschmack veranlassete, und jetzt Gewohnheit nöthig macht, aber keinen wesentlichen Nutzen giebt. (Inzwischen lehrt denn doch die Erfahrung, daß viele Familien, bey hohem Getreidepreise, fast ganz allein von Tartuffeln leben.) Die Unschädlichkeit derselben, da sie nicht so wie Kuchen und Brod dem Magen schaden, scheint auch die Nahrungslosigkeit zu bestätigen.

Nach der Weise der Engländer findet man S. 14 den Werth der Häute, des Fleisches, des Talgs u. s. w. vom Schlachtviehe verglichen. Die Haut ist vom Werthe eines Ochsens $\frac{1}{10}$, einer Kuh $\frac{1}{8}$, eines

Kalbes $\frac{1}{5}$, eines Hammels $\frac{1}{7}$, eines Schafes $\frac{1}{7}$. Man vergleiche Biblioth. XVI. S. 542. Indem hier alles berechnet ist, so haben sich Resultate ergeben, an welche bisher wenige gedacht haben, und dieß bestätigt, was ich oft gesagt habe, daß eine genaue Buchhaltung, auch bey der Landwirthschaft, neue Wahrheiten verleihen würde. Manche Resultate mögen gewöhnlichen Landwirthen zu kleinlich scheinen; aber gewiß nicht dem, der alles beurtheilen und genau kennen will. So lieset man S. 33 daß 5000 Pfröpfe jährlich verbraucht werden; daß ein Pfropf nicht einmal auf 2 Buteljen aushält, und daß die Pfröpfe eben so viel in der Güte abnehmen, als sie im Preise stiegen. (Solte man nicht ein inländisches Produkt stat des Korks finden können?) Ein Pfund Talglichter kostet dort nach S. 36. um $\frac{1}{4}$ mehr, als 1 Pfund Talg.

Sehr merkwürdig sind S. 107 die Berechnungen über die versuchte Stalfutterung, welche darnach nicht vortheilhaft erscheint. Aber der V. verwirft sie deswegen noch nicht, und will die Versuche fortsetzen. Die mit andern Angaben verglichenen Berechnungen über die Schäferey enthält ungemein viel merkwürdiges, welches sich nicht kurz

kurz auszeichnen läßt. Das Melken der Schafe ist abgeschaft worden, doch geben die wenigen Jahre noch keine sichere Entscheidung der Frage, ob der Wirth würkliche Vortheile dabey habe. Die Zucht des Federviehes hat immer Schaden gebracht, so daß der V. sie gänzlich abschaffen würde, wenn für die eigene Tafel gutes Federvieh angekauft werden könte. S. 264.

Eine merkwürdige Ausnahme von der Regel, daß man so viel als möglich alles selbst gewinnen müsse, um bare Geldausgabe zu verhüten, liefet man S. 46. Genaue Rechnungen beweisen, daß oft Waaren wohlfeiler gekauft, als gebauet werden können. Dieß gilt auf den Gütern des Hrn. V. von Flachse und von Leinewand. (Inzwischen ist jene Regel uralt. Schon Varro l, 32, 1. p. 184 sagt: Quae nasci in fundo, ac fieri a domesticis potuerunt, eorum ne quid ematur.)

Mich veranlaßete jene Nachricht vom Ertrage des Flachses darüber mit einem Freunde zu reden, welcher mit dem Flachsbau unserer Nachbarschaft genau bekant ist. Dieser schrieb mir darüber folgende Zeilen, welche man auch hier nicht ungern lesen wird.

„Bey

„Bey der Erfahrung über den Flachs-
„bau S. 38 Th. 2, vermisset man die Be-
„merkung, ob von der frühen, mittlern
„oder späten Leinaussaat Gebrauch gemacht
„worden sey. Es finden sich freylich manche
„Gegenden, wo Lage und Beschaffenheit des
„Bodens den Flachsbau keinesweges be-
„günstigen; allein es giebt doch auch wieder-
„um andere, in welchen, wenn etwa die
„eine von jenen Aussaaten nicht nach Wunsch
„gedeihet, doch eine der übrigen mit einem
„günstigen Erfolg in Anwendung gebracht
„werden kan. So wird auch in den hiesigen
„Landen, nach der verschiedenen Beschaffen-
„heit der Lage und des Bodens von allen
„drey Aussaaten Gebrauch gemacht. Da
„nun nach S. 1 Th. 1, die Feldmark eines
„jeden der beyden Güter aus einem so sehr
„verschiedenen Boden als Bruch- und Hö-
„heland, in Niedersachsen Marsch und Geest-
„land, besteht; so würde es sehr angenehm
„gewesen seyn, das Resultat der Versuche
„mit den verschiedenen Leinaussaaten in die-
„sem so ungleichartigen Boden zu erfahren.
„Es läßt sich auch die Vermuthung nicht
„ganz unterdrücken, daß in dem einen oder
„dem andern Boden, bey einer Veränderung
„in der bisher gewohnten Zeit der Leinaus-
„saat, ein reicherer Flachsertrag, als der
„S. 38 angeführte, erfolgt seyn würde."

„Um

„Um den Flachsbau mit Nutzen und
„glücklichem Erfolg zu betreiben, wird auch
„eine gehörige Bearbeitung und Vorberei-
„tung des dazu bestimten Landes erfordert.
„In dieser Hinsicht hätte man daher auch
„gern eine kurze Anzeige von der auf den
„beyden Gütern üblichen Verfahrungsart
„beym Flachsbau gelesen, so wie solche S.
„78 Th. 1 bey dem Tobacksbau ist mitge-
„theilet worden. Bey dem Früh- und Mit-
„telflachs ist es z. B. sehr erforderlich, daß
„das dazu bestimte Land bereits im vorher-
„gehenden Herbste gedüngt und einmal ge-
„pflügt werde. Solte es auch im Herbst zu-
„weilen an dem dazu nöthigen Dünger man-
„geln, so ist es dennoch sehr diensam, daß
„einmal gepflügt wird, indem das Land als-
„denn die Winterfeuchtigkeit besser einzieht
„und an sich behält. Wird hingegen das
„Pflügen im Herbst unterlassen, und solches
„mithin im Frühjahre dreymal kurz nach
„einander unternommen, so geht die wenige
„Winterfeuchtigkeit, welche der Boden an
„sich gezogen hat, gänzlich verlohren. Hier-
„aus entsteht denn gewöhnlich die nachthei-
„lige Folge, daß, wenn bey dem Wachs-
„thum des Flachses eine etwas anhaltende
„trockne Witterung eintritt, die Erndte fast
„jedesmal schlecht geräth."

„Wenn

„Wenn S. 38 Th. 2 nur 12 Pfund
„Flachs als Mittel-Ertrag von einem Ber-
„liner Scheffel Aussaat angegeben werden;
„so findet man freylich das Mislingen der
„mit dem Flachsbau angestellten Versuche
„dadurch völlig bestätiget. Um eine Ver-
„gleichung anzustellen, folgen hier einige
„Angaben des Ertrages aus andern Gegen-
„den. Herr Biallon, Wirthschafts-Actua-
„rius in Dresden, führt in seiner Abhand-
„lung: Ueber die vortheilhafteste Methode
„den Flachs- und Hanfbau zu betreiben,
„Hannover bey den Gebrüdern Hahn 1794,
„ein Beyspiel an, um bey einem Mangel
„an Aufmerksamkeit auf eine gehörige Be-
„stellungsart des Landes, auf den Samen,
„auf die Zeit der Aussaat u. s. w., den
„Nachtheil des Flachsbaues zu zeigen. Der
„Verfasser erhielt nämlich von einem halben
„Berliner Scheffel Aussaat, 13 Pf. Flachs
„und 33 Pf. Hede, da hingegen der Herr
„Graf nach S. 38 von einem ganzen Ber-
„liner Sch. Aussaat nur 12 Pf. Flachs und
„38 Pf. Werk oder Hede, als Mittel-
„Ertrag angiebt. Einem andern Beyspiele
„zufolge, wodurch Hr. Biallon den Vor-
„theil, welchen der Flachsbau bey einer ge-
„hörigen Cultur und Verfahrungsart, ge-
„gen andere Ackerprodukte gewährt, er-
„weislich zu machen sucht, wurden, gleich-
„fals

„fals von einem halben Berliner Sch. Aus
„saat 78 Pf. Flachs und eben so viel Hede ge-
„wonnen. Ich habe auch eine Berechnung
„aus dem Calenbergischen über den Ertrag
„des dortigen Flachsbaues vor mir, welche
„mit der vorhergehenden in dem gewonnenen
„Flachse fast völlig zusammen trift, oder
„derselben doch sehr nahe kömt. Es wer-
„den nämlich von einem hiesigen Himten
„Aussaat als Mittel-Ertrag 90 Pf. Flachs
„und 45 Pf. Hede angegeben. Da nun 5
„dieser Himten ungefähr 3 Berliner Scheffel
„enthalten, so beträgt die Differenz zwischen
„diesem und jenem Flachsertrage nur etwa
„3 Pf. Unter mehren aus unserm Für-
„stenthum Göttingen von mir gesammelten
„Berechnungen, herscht eine große Ver-
„schiedenheit. Wenn man nun diese ver-
„schiedenen Angaben zusammen wirft, und
„den Mittel-Ertrag herauszieht, so giebt
„1 Himten Aussaat 55 Pf. Flachs und 40
„Pfund Hede."

XX.

D. H. L. W. Völkers gekrönte Preisschrift über die Frage: unter welchen Umständen ist es rathsam, in einer Stadt, die Meister eines Handwerks auf eine gewisse Anzahl einzuschränken? welche Vortheile und Nachtheile sind davon zu erwarten? und wie sind letztere zu vermeiden. Freyberg 1801. 108 Seiten in 8.

Diese Frage ward von der Göttingischen Societät der Wissenschaften auf meinen Vorschlag, für das Jahr 1800 aufgegeben. Unter neun Schriften, welche eingeschickt waren, erhielt diejenige den Preis, welche mit den Worten: est modus in rebus bezeichnet war. Nach Eröfnung des beygelegten Zettels erfuhr ich mit Vergnügen, daß H. D. Völker, den ich hier als Zuhörer und Freund gekant hatte, der Verf. war. Dieser hat nun seinen Aufsatz einzeln abdrucken lassen, und er verdient allerdings von denen durchgedacht zu werden, welche das Beste der Handwerker zu besorgen haben. Nun wäre noch zu wünschen, daß jemand alle Erfahrungen, wel-

welche vorkommen, sammeln und bekant machen möge. Einige sind doch schon von Hr. V. beygebracht worden. Einen Auszug aus so wenigen Bogen mag ich nicht anbiethen.

XXI.

Grundriß der Färbekunst. — — Nach physisch-chemischen Grundsätzen und als Leitfaden zu dem Unterrichte der inländischen Färber, Zeugdrukker und Bleicher. Von D. Sigism. Friedr. Hermbstädt, Obermedicinalrath und Professor der Chemie. Berlin und Stettin. 1802. 628 Seiten in 8.

Weil die Färbekunst gänzlich auf chemischen Grundsätzen beruhet, und eigentlich eine Anwendung der Chemie ist, so kan man ihre größte Verbesserung entweder nur von Chemikern, welche sich mit dem jetzigen Zustande der Färbekunst gründlich bekant gemacht haben, oder von Färbern, welche chemische Kentnisse besitzen, erwarten. Nun ist zwar nicht zu leugnen, daß schon viele Gelehrte vortrefliche Verbesserungen und Erfindungen zu jener Kunst gelehrt haben; aber in Schriften, welche den gewöhnlichen oder praktischen Färbern nie bekant wurden, oder welche sie wenigstens nicht hinlänglich verstehn konten. Soll deswegen jemals ein höher Grad der Vollkommenheit erreicht werden, so muß den Färbern ein verständlicher Unterricht in dem, was sie aus der Naturlehre und Chemie, brauchen können, verschaft werden, und alsdann müssen ihnen die neuen Erfindungen und Verbesserungen so viel möglich praktisch gewiesen werden. Zu dieser Absicht ist dem Verf. aufgetragen worden, die Färber, Drucker, Bleicher in Berlin in den Grundsätzen der Theorie, mit Beziehung auf ihr Gewerb, theoretisch und praktisch zu unterrichten, und dazu eine Anleitung auszuarbeiten. Von dieser Veranstaltung kan man mit Recht sehr viel hoffen, da sie einem Gelehrten anvertrauet ist, welcher nicht nur alle dazu nöthige Kentnissen, sondern auch Liebe zur Technologie besitzt, und sie bereits durch verschiedene nützliche Schriften bewiesen hat.

Das Handbuch, welches er zum Gebrauche bey seinem Unterrichte ausgearbeitet hat, ist eine Chemie für Färber. Sie ist mit so vieler Deutlichkeit und mit Einschaltung

XXI. Hermbstädt Färbekunst.

tung mancher neuen Bemerkungen und Vorschläge abgefaßt worden, daß es ohne Bedenken jedem Liebhaber und Schüler der Chemie empfohlen werden kan. Ich will jedoch den Argwohn nicht verhelen, daß der V. vielleicht zu weit ausgeholt hat; ich will sagen, daß er manches beygebracht hat, was der Künstler wohl entbehren könte, und welches ihn, bey der Menge neuer Gegenstände, deren Begriffe ihm nicht leicht sehn können, verwirren möchte. Dahin gehören manche gelehrte Hypothesen, z. B. die vom Lichte, die Lehren von dem Gesetze, wornach die Lichtstralen gebrochen werden u. dergl. Ich gestehe, daß ich nicht Muth hätte, solche Lehren solchen Zuhörern deutlich genug zu machen. Vielleicht ist auch dadurch das Buch manchen zu kostbar geworden. Dagegen ist es sehr zweckmässig, daß hier die Beschreibung der Werkzeuge und die Handgriffe gänzlich ausgelassen sind, als welche als bekant hier vorausgesetzt werden können. Die Einrichtung des Buchs ist diese:

Nach den alten und neuen Vermuthungen über Licht und Farbe, folgt etwas vom Nutzen und von der Geschichte der Färberey. Dann von Körpern, ihren Bestandtheilen und Elementen. Alle in neuern Zeiten angenommenen Stoffe, als Wärmestoff, Lichtstoff,

stoff, u. s. w. Die Salze, Erden und Metalle, so volständig, daß auch nicht die Gadolinerde, Agusterde u. b. übergangen sind. Bey den Salzen, so wie auch hernach bey den übrigen Färbematerialien, sind die Kenzeichen ihrer Güte und Verfälschung gelehrt worden. Nicht selten auch Anweisung, wie sich die Färber manche Materialien selbst verschaffen können; z. B. Seite 241: Weinsteinsäure zu machen, welche die Seidenfärber, stat der Zitronsäure, brauchen können. Auch die Nutzung mancher Abfälle findet man hier angegeben; z. B. Seite 265. das schwefelsaure Bley, was bey Bereitung der essigsauren Thonerde für die Kattundrucker niederfält, giebt eine der schönsten weissen Mahlerfarben. S. 282 von gemischten Stoffen: Zucker, Stärke, Schleim, Gummi u. s. w. Seite 305 Materialkunde; oder Kentniß der Körper, welche gefärbt werden sollen, und welche Pigmente enthalten, und welche zur Entwickelung und Befestigung derselben dienen. Manches ist sehr weitläuftig gerathen; z. B. die Nachricht von der Baumwolle. Solte wohl die Verfälschung derselben mit Lämmerwolle, dawider S. 317 Proben angezeigt sind, oft vorkommen? Solte dahie Cochenille schon in Spanien gezogen werden? S. 370 muß Mariti stat Martini gelesen

fen werden. Das Perſis des H. Strelbert hält der Verf. für ein fein zermahlnes, mit gefaultem Harn durchbrungenes, und dann wieder getrocknetes Braſilienholz; aber man ſehe oben S. 337. Ein neues Pigment iſt die Peraguatanrinde. S. 426 iſt einer groben Verfälſchung des Gummi gedacht worden, dergleichen ſchon oft aus Hamburg nach Berlin gekommen ſeyn ſoll. Es iſt gänzlich unauflöslich, und ſcheint dem V. aus getrockneter Kartoffelſtärke gemacht zu ſeyn.

S. 457 von der Vorſtreckung der Waare zur Färberey, vom Waſchen, Walten, Schwefeln, Bäuen und Bleichen, wo viele ſchätzbare Lehren vorkommen, vornehmlich bey der Vorbereitung der Seide. Auch S. 479 von der neuen Dampfbleiche, welche Chaptal angegeben hat. S. 485 von dem Walken. S. 504 von der Kunſt zu Färben und zu Drucken; vom Anſieden und Ausſpühlen. S. 510 von der Zubereitung der verſchiedenen Färbebrühen, von Waid- und Indigküpen; von einfachen und gemiſchten Farben. S. 523 Erklärung der grünen Farbe der Küpe. So lange ſich der Indig in der Küpe aufgelöſet befindet, nämlich ſo lange er ſeines Sauerſtoffes beraubt iſt, iſt ſeine Farbe nicht mehr blau, ſondern vielmehr grün. So bald aber der aufgelösete Indig mit Sauerstoffgas in Berührung kömt, zieht er den verlohrnen Sauerstoff wieder an, und seine vorige blaue Farbe wird wieder hergestellet. Zuletzt noch kurz Seite 581 von den Mitteln, die Festigkeit der Farben zu prüfen. Man muß, sagt der V., sich bestreben, allen Farben, so viel möglich, einen neutralen Zustand zu geben, damit sie so wohl den alkalischen als den sauren Salzen Widerstand zu leisten vermögend sind. Nach S. 484 haben wir von dem Verf. noch ein besonderes Werk über die Bleichkunst, und nach S. 580 noch ein ausführliches Werk über die ganze Färbekunst zu erwarten. Die Golgasfärberey, welche Kentniß der hydrostatischen Lehren fordert, ist nicht in dem Grundrisse berührt worden. Das gute Register verdient Dank, zumahl da Abriß oder Schema des ganzen Werks, so wie auch Columnentittel, fehlen.

XXII.

Praktischer und sehr anwendbarer Waid- und Schönfärber zum Gebrauch für Werkmeister und Liebhaber, aufrichtig herausgegeben von Joseph Mollenhauer, praktisch gelerntem Färber zu Fuld. Büdingen 1801. $3\frac{1}{2}$ Bogen in 8.

So schlecht auch die Schreibart ist, so glaube ich doch, daß Färber hier manches nützliche antreffen werden, und nur für diese, welche mit dem algemeinen hinlänglich bekant sind, sind diese Bogen geschrieben worden. Hier aber zeige ich sie deswegen an, um sie vielleicht Chemikern bekant zu machen, die wissen wollen, wie bis jetzt die Färber zu verfahren pflegen, welche von der Theorie ihrer Kunst nichts verstehn, aber dennoch in Anwendung derselben nicht unglücklich sind. Die Recepte oder Vorschriften, welche man hier findet, betreffen fast alle gewöhnlichen Farben. Das sächsische oder chemische Blau ist hier fast so gelehrt worden, wie es H. Hermbstädt S. 53? beschrieben hat.

XXIII.

Wegweiser für Eltern und Jünglinge, bey der Wahl eines Erwerbzweiges für die Letztern, oder die Kunst ein nützlicher und zufriedener Bürger zu werden. Von Ehregott Meyer, Coburg-Salfeld. Commerzien-Rath. Weimar 1802. 490 Seiten in 8.

Der V. welcher nach S. 8 und 9 ein junger Kaufmann zu seyn scheint, hat es gewiß herzlich gut gemeint, und wahrlich er hat so viel gutes und wahres in einer verständlichen treuherzigen Schreibart für Lehrlinge, Gesellen und Meister der Handwerke, und für alle, welche etwas zur Bildung guter Handwerker beytragen können, gesagt, daß es sehr zu wünschen ist, daß dieses Buch benen in die Hände kommen möge, für die es geschrieben ist. Vornehmlich wäre es eine Wohlthat, dieses Buch ben jungen Lehrlingen zu geben, und sie zur Lesung und Benutzung desselben zu vermögen. Möchte doch meine kurze Anzeige etwas dazu beytragen!

XXIV.

XXIV.

Vollständiges Lexicon der Gärtnerey und Botanik, oder alphabetische Beschreibung von Bau, Wartung, aller in- und ausländischen ökonomischen, officinellen und zur Zierde dienenden Gewächse von Fr. G. Dietrich, Weimarschem Hofgärtner. Erster Band. Weimar 1802. 824 Seiten in 8.

Um kurz die Einrichtung dieses neuen Wörterbuchs anzugeben, darf man nur melden, daß es darin gänzlich dem Millerschen Gärtner-Lexicon gleicht. Die Pflanzen sind auch hier nach den botanischen Namen der Gattungen geordnet. Bey jeder ist eine kurze Beschreibung und eine Anweisung zur Erziehung gegeben worden. Nach einer angestellten Vergleichung muß man dem V. das Zeugniß geben, daß er die Artikel neu ausgearbeitet, und dabey eigene Beobachtungen zum Grunde gelegt hat, so daß man dieses Werk dreist denen empfehlen kan, welche botanische Gärten zu unterhalten haben.

Bey jährigen Pflanzen ist die Bildung der Samenlappen, Samenblätter und der ersten von den folgenden oft abweichenden Blätter angezeiget worden, welches beym Jäten nicht wenig nutzen kan. So sind auch bey Bäumen und Sträuchern Kenzeichen für den Winter, (welche H. Schmidt zuerst vortreflich abgebildet hat), als die Knospenbildung, die Narben der abgefallenen Blattstiele, angegeben worden. Die englischen Namen lieset man auch hier überall. Die vorgesetzte Einleitung lehrt Gewächshäuser, Treibbeete und Treibkasten, Behälter für Zwiebeln, Plätze für Alpengewächse u. s. w. anlegen. Den Treibhäusern will der V. durchaus senkrechte Fenster geben, wozu die Gründe S. 4 nachgelesen werden mögen. Wahr bleibt es inzwischen, daß Fenster von gehöriger Neigung, die Würkung der Sonnenstrahlen vermehren. Der erste Band endigt sich mit dem Worte Asplenium. Er hat ein Register über die teutschen Pflanzennamen; die englischen möchten auch wohl eins verdienen.

S. 155 trifft man, unter dem Artikel Agaricus, eine umständliche Anweisung zur Anlegung der Champignonbeete an. S. 302 wie die Amaranthen zu erziehen und zu verschönern sind. So auch S. 320 von der schönsten Amaryllis, die unter allen Zwiebelgewächsen am leichtesten zur Blüthe gebracht

bracht wird. Ohne die Zwiebel mit Erde zu bedecken, können die Blumen getrieben werden. S. 359 glaubt auch der V. daß sich der Ingwer mit Vortheil in Teutschland erziehen ließe. S. 449 Andromeden aus Samen zu ziehen. Der süße Fenchel, dessen breite Strengel eingemacht werden, ist S. 499 nicht besonders genant worden, und doch verdiente diese Pflanze auch bey uns gebauet zu werden. Manche Schmarotzerpflanzen zieht man in England auf sehr saftigen Gewächsen, so auf Euphorbien. Aristolochia sipho braucht kein Gewächshaus, sondern kömt im Freyen fort, und, wenn sie einige Jahre an einem Orte gestanden hat, liefert sie jährlich Blumen, obgleich die jungen Triebe zuweilen von der Kälte leiden. S. 788 wie der V. den Spargel den Winter über im Freyen treibt. — Er verspricht jede Messe einen Band zu liefern. Hr. Prof. Sprengel hat diesem ersten Bande eine Vorrede vorgesetzt, worin er seine Beobachtungen über die Gefäße der Pflanzen meldet, welche er ausführlicher künftig in seinem Unterricht in der Botanik liefern will.

XXV.

Anleitung zum Ziegelbrennen bey Torf und zur Erbauung der dazu erforderlichen Oefen. Von Joh. Christ. Eiselen, Preuß. Bergrath. Berlin 1802. 166 Seiten in 8. nebst 2 großen Kupfertafeln.

Von diesem Verf. welcher die Benutzung des Torfs seit vielen Jahren betreibt, sind schon zwey Schriften angezeigt worden; nämlich Biblioth. XVIII. S. 139 und XIX. S. 38. Die neueste enthält nun die Resultate aus den allerneuesten Versuchen, um mit Torf Ziegel zu brennen. Der größte Theil des Inhalts besteht in der ausführlichen Beschreibung desjenigen Ofens, welcher, nach des V. Erfahrung, dazu am vortheilhaftesten ist. Er ist volständig auf den beyden Kupfertafeln vorgestellet worden. Die Beurtheilung überlasse ich gern denen, welche mit diesem Theile der Baukunst genau bekant sind. Aber außer dem findet man auch hier manche Lehren, welche überhaupt bey der Gewinnnung des Torfs nützlich seyn können. Warnung, die Torfe nicht zu klein zu machen. Der V. läßt sie dergestalt stechen, daß sie getrocknet 11 bis 12 Zoll Länge, 4½ bis 5 Zoll Breite, und 3½ bis 4 Zoll Dicke behalten. Die völlige Austrocknung des Torfs sey durchaus nothwendig; also müßen Trokkenscheunen erbauet werden. Beurtheilung des Holländischen Verfahrens. Conische Oefen taugen nicht. Eyförmige mit Schürgassen sind besser. Letztere müssen Rosten haben, und diese können am besten aus guten Ziegelsteinen gemacht werden. Ueber die vortheilhafteste Größe der Oefen. Wie die Grösse der Trockenscheunen bestimt werde. Die Torfkrumen lassen sich zwar nicht wieder in Wasser auflösen, daß sie neu geformt werden könten, doch wird dieß möglich, wenn starkes Thonwasser genommen wird. (So wie bey dem Steinkohlenklein).

XXVI.

Nachträge zu Schedels Waarenlexicon, oder neue Nachrichten und Bemerkungen zur Kentniß derjenigen Natur- und Kunstprodukte, welche Gegenstände des Handels sind. Herausgegeben von A. Schumann. Erster Band. Ronneburg 1802. 694 Seiten in 8, ohne das Register.

Man

Man mag über die ersten Schriften des H. Schumanns urtheilen was man will, so muß man doch, wenn man aufrichtig seyn will, gestehen, daß er seit ein Paar Jahren, Schriften geliefert hat, welche nützlich sind, und Dank verdienen. Sie sind alle in seiner eigenen Buchhandlung zu Ronneburg (2 Meilen von Altenburg, nahe bei Gera) verlegt worden. Die Nachträge zu Schedels Waarenlexicon (welches freylich das nicht ist, was es seyn solte und seyn köntе), sind eigentlich Materialien zur Waarenkunde, oder Abdrücke dessen, was seit 1800 in Reisebeschreibungen, Topographien, vermischten Samlungen und andern neuen Büchern, von Waaren vorkomt, so daß derjenige, welcher die Waarenkunde critisch bearbeiten will, in diesen Nachträgen, gleichsam wie in einem Magazine, antrift, was er sonst aus vielen Büchern erst zusammensuchen müßte. Die Quellen sind überall angezeigt worden, (doch zuweilen zu abgebrochen oder undeutlich), und wäre dieß nicht geschehn, so würde es nicht der Mühe werth gewesen seyn, diese Bogen hier anzuzeigen. Nicht selten hat der Herausgeber Zusätze und Anmerkungen gemacht, welche durch ein untergesetztes S. bezeichnet sind. Der erste Band ist schon seit 1800 in 4 Heften herausgekommen, und

und hat ein Register enthalten, welches den
Gebrauch ungemein erleichtert. Der erste
Band kostet 2 Thaler.

Um die Einrichtung noch näher anzugeben, will ich einige Artikel kurz nennen.
Auszüge aus Hochs Reise; aus Nannes Wanderung durch Preußen; aus Georgis Beschreib. des Russisch. R. Jägerschmids artige Nachrichten von Murgthal
in der Markgrafsch. Baden. Auszug aus
Nemnichs Reise; aus Selles Briefen
über Stettin; aus Forsters Reise nach
Bengalen, u. s. w. Bey der jetzigen Aufmerksamkeit auf Gegenstände der Waarenkunde und der Technologie, kan es dieser nützlichen Samlung wenigstens nicht an Materialien fehlen.

XXVII.

Versuch einer volständigen, systematisch geordneten kaufmännischen Waarenkunde. Von August Schumann. Erste Abtheilung. Ersten Theils erster Band. Ronneburg 1802. 392 Seiten in 8.

Der

Der Muth des Hrn. Schumanns erregt Bewunderung. Er unternimt es, die ganze Warenkunde, in ihrer weitesten Ausdehnung, abzuhandeln; wiewohl er sich doch Hofnung macht, für einige Theile derselben Mitarbeiter zu erhalten. Den Anfang hat er hier gemacht mit Haaren und Federn; und dieser Theil wird drey Bände füllen. Darauf sollen wenigstens zehn Bände von Wolle und Seide folgen, und nach dieser Verhältniß denn dereinst auch die übrigen Artikel. Alles, was von diesen Waaren bekant ist, soll zusammen gebracht werden; auch hoft er, durch Freunde, neue Beyträge zur Waarenkunde aufzutreiben.

Ich muß bekennen, daß H. Schumann in diesem ersten Theile viel mehr geleistet hat, als jemand vor ihm, auch mehr als ich für möglich gehalten habe. Mit unbeschreiblichem Fleisse ist alles zusammen gesucht worden, und zwar nicht ohne Kritik, und mit Anzeige der Quellen, wodurch sein Buch auch Gelehrten nützlich wird. Die gewählte Ordnung ist gut; die Schreibart schickt sich, wie mich deucht, zu dem Gegenstande sehr gut, und hat auch nicht den gemeinen Fehler der Weitschweifigkeit. Zwar
gar

XXVII. Schumanns Waarenkunde.

gar sparsam, aber doch hin und wieder kommen neu erfragte Nachrichten vor, und diese sind besonders kentlich gemacht worden. Zuweilen ist er so gar in die Technologie übergegangen, und hat die Verarbeitung der Waaren wieder erzählt. Wenn H. S. nur nicht den Plan zu groß ausgesteckt hat! Wenn er nur nicht zu bald ermüdet! Er wird immer auf großen Dank Anspruch machen können; auch wenn er etwas weniger leistet, als er versprochen hat. Hoffentlich wird jeder Theil ein gutes Register erhalten, stat dessen vorläufig der vorgesetzte Inhalt dienen kan. In der Vorrede hat er, mit Bescheidenheit und nicht ohne Schonung, die Arbeiten seiner Vorgänger gewürdigt. Valentini Schaubühne wird wohl die teütsche Ausgabe des Musei museorum seyn sollen, welche 1714 gedruckt ist. Diction. portatif de commerce besteht lediglich aus den Waarenartikeln der neuesten Ausgabe von *Savary* dict. de commerce. Ich meine die Kopenhagener Ausgabe, welche 1755 geendigt ist. Es soll eine noch neuere Pariser Ausgabe von 1798 vorhanden seyn, welche ich nie gesehn habe. Im Jahre 1799 kündigte H. Schumann einen Nachdruck an, welcher wohl nicht zu Stande gekommen ist. — Nur hier ein Zusatz zur letzten Seite. Die Haare an den Barten der Walfische werden zu Parüken für Schiffer verarbeitet, die fast unverwüstlich sind. Ich habe davon eine Locke.

XXVIII.

Erfahrungen in meinem Blumen= Obst= und Gemüsgarten, zur Gründung der Aesthetik der Gartenkunst, von neuem bearbeitet von Joh. Sam. Schröter, Superintend. zu Buttstädt. Weimar 1802. 277 Seiten in 8.

Einzelne Aufsätze, welche schon in verschiedenen Schriften abgedruckt, hier aber verbessert und zu einem nützlichen Ganzen zusammengestellet sind. Die Anweisung zur Charakteristik der Blumen empfiehlt sich dadurch, daß darin die Gesetze der Botanik, so viel es möglich seyn kan, angewendet sind. Uebel ist, daß das beste Hülfsmittel, nämlich eine Samlung richtiger Abbildungen, noch fehlt; doch wird S. 81 Kannengießers Aurikel Flora gelobt. Das erste Heft soll 1800 gedruckt seyn. S. 168 des Verf. Weise, Aurikeln aus Samen zu ziehen; S. 176 Nelken zu vermehren; S. 208 Reseda in hohe Pyramiden zu ziehen.

S.

S. 215. Verpflanzung der Obstbäume im Winter. — Was gelegentlich S. 236 von dem Gebrauche des Flittergoldes oder Rauschgoldes wider die Sperlinge gesagt worden, das habe auch ich im ökonomischen Garten erfahren. Die Vögel scheuen es nur eine kurze Zeit, und kaum ist es werth, die Mühe und Kosten darauf zu verwenden. S. 240 über die verschiedenen Düngerarten zum Gebrauche der Gärtnerey. Das Bestreuen der Beete und Pflanzen mit Asche wider die Erdflöhe, schade mehr als es nütze. Ueberhaupt tauge die Aschendüngung nicht. (Aber ausgelaugte Asche verbessert das thonichte Land sehr gut. Unausgelaugte Asche ist zur Düngung zu kostbar).

XXIX.

Beschreibung und Abbildung einer Wagenwinde von ausserordentlicher Wirksamkeit. Herausgegeben von J. C. Hoffmann. Leipzig 1800. 2¼ Bogen in 4, nebst ½ Bogen Kupfer.

Weil Schriften dieser Art von wenigen Bogen selten hinlänglich bekant werden, ben, und doch gewiß nützen könten, so will ich sie wenigstens hier kurz anzeigen. Wer sich denn um Gegenstände dieser Art bekümmert, kan sich die Schrift leicht für wenige Groschen verschaffen. Diese Wagenwinde ist zuerst von Prof. Bürja in Grundlehren der Statik. Berlin 1789. und hernach auch in Oberländers Beschreibung einer Spinmaschine, einer Krempelmaschine, eines Spinrades und einer Wagenwinde. Schneeberg 1795. 8. beschrieben worden. An dieser Winde ist die Schraube ohne Ende angebracht, welche, durch Hülfe eines horizontalen Rades, eine Schraubenspindel drehet. Ohne die Reibung zu rechnen, welche freylich nicht gering seyn kan, stehn 10 Pfund Kraft an dieser Winde mit 35494 Pfund Last im Gleichgewicht. Bey dem Verleger, Hrn. G. Fleischer, dem Jüngern, kan man ein Modell für 5 Thaler erhalten.

XXX.

XXX.

Anweisung die Rechnungen kleiner Haushaltungen zu führen. Für Anfänger aufgesetzt von J. Beckmann. Zweyte, verbesserte und vermehrte Ausgabe. Göttingen 1800. 14 Bogen in 8.

Es kostet mir allemal einen Zwang, wenn ich, auf Verlangen der Verleger oder meiner Freunde, meine eigenen Schriften anzeigen muß. Inzwischen nenne ich hier dieses Buch zum erstenmal nicht ohne Vergnügen, weil mich die zweyte Ausgabe, welche der ersten schon nach anderthalb Jahren gefolgt ist, überzeugt, daß ich meine Absicht dabey nicht ganz verfehlt habe; so wie ich auch gewiß weis, daß verschiedene meine Vorschläge mit Nutzen und Zufriedenheit befolgen. Mein Vorsatz war, denen eine Anleitung zu Haushaltsrechnungen zu geben, welche weder Kaufleute, noch Landwirthe, noch Fabrikanten sind, also nur eine kleine Haushaltung zu führen haben. Um diejenige Weise, welche ich, nach vielen Versuchen und vieljähriger Erfahrung, für die beste halte, deutlich zu machen, habe ich die gewöhnlichen Vorfälle einer solchen Haushaltung erzählt, und die dabey vorkommenden Einnahmen und Ausgaben in die Rechnungen eingetragen, und dabey gelegentlich nützliche Regeln angebracht, wodurch denn der Inhalt viel mannigfaltiger geworden ist, als man nach dem Titel vermuthen möchte. Zugleich findet man hier eine Anweisung, sich nach seiner Einnahme und nach seinen Bedürfnissen, einen Etat zu entwerfen, dessen grossen und vielfachen Nutzen niemand leugnen kan, so wie auch gezeigt ist, wie am Ende jeden Monats die Bilanz gezogen werden soll. Weil ich anfänglich nur den Vorsatz hatte, diesen ganzen Aufsatz geschrieben denen von meinen Zuhörern zu geben, welche, am Ende der Vorlesungen über die Handlungswissenschaft, bey Abfassung der Rechnungen nach der Doppelbuchhaltung, eine Anwendung derselben auf kleine Haushaltungen wünschen, so habe ich mir einen vertrautern oder freyern Vortrag erlaubt, als ich würde gewagt haben, wenn ich diese Bogen gleich dem Drucke bestimt hätte, und deswegen darf ich von billigen Lesern Nachsicht hoffen. Mehr mag ich von der Einrichtung nicht anzeigen; auch lasse ich hier die Verbesserungen und Zusätze der zweyten Ausgabe unberührt.

XXXI.

XXXI.

Grundſätze der teutſchen Landwirthſchaft von J. Beckmann. Fünfte, verbeſſerte und vermehrte Ausgabe. Göttingen 1802. 752 Seiten in 8.

Ich kan es aufrichtig verſichern, daß ich auf die Ausbeſſerung dieſer Ausgabe ſo viele Sorgfalt, als meine übrigen Geſchäfte erlauben konten, verwendet habe, und jede Seite wird davon Beweiſe geben. Inzwiſchen iſt die Ordnung des ganzen Buchs, auch die Zahl der Paragraphen, unverändert geblieben. Viele neue Erfindungen und Vorſchläge ſind eingetragen worden; die Zahl der genanten Pflanzen hat ſich beträchtlich vermehrt; viele ſind genauer beſtimt worden. Viele von den ſonſt angeführten Schriften habe ich weggelaſſen, um auf andere, welche entweder beſſer ſind, oder doch den Werth der Neuheit haben, verweiſen zu können; ſo daß hoffentlich dieſe Bogen wie ein ſyſtematiſches Repertorium der ganzen teutſchen Landwirthſchaft dienen können. Die meiſten Veränderungen und Zuſätze kommen in dem Abſchnitte vom Forſtweſen vor, wo ich mich bemühet habe, das wichtigſte in vortheilhafter Ordnung, mit Verweisung auf die besten Schriften, welche von jedem Gegenstande handeln, anzudeuten. Möchte doch dieser Abschnitt den Anfängern zur Uebersicht der ganzen Wissenschaft dienen! Um nicht das kleine Buch mit gar zu viel botanischen Namen zu überhäufen, habe ich zwar manche Pflanzen unbenant gelassen, aber hoffentlich wird mir keine der vornehmsten entgangen seyn. Ueberhaupt sind hier 886 aufgeführt worden. Die volständigen Register erleichtern das Nachschlagen. Wegen der Fehler, welche in einem Buche, worin so viele sehr verschiedene Gegenstände zusammengepresset werden müssen, unvermeidlich sind, hoffe ich von Kennern gütige Nachsicht. Um diese zu verdienen, will ich hier selbst schon einige, welche ich bereits bemerkt habe, anzeigen. S. 125 muß Ducker stat Dunker gelesen werden. Unangenehmer ist mir, daß S. 193 Agrostis spica venti unter die zweyjährlichen Pflanzen gerathen ist, welche doch bekantlich nur einen kleinen Theil des ersten Sommers dauert. S. 213 lese man durchflichtet. S. 232. 1. muß es heißen: deren Blätter und Stengel, meistens gekocht, zur Speise dienen. S. 334 z. B. wünsche ich geschrieben zu haben: die aus einer Schwäche entstehn, deren Dauer man zu bewirken sucht,

sucht. Es wäre mir angenehm gewesen, wenn ich S. 146 diejenige Art des Habers hätte nennen und bestimmen können, dessen Panker, mein zu früh verstorbener Correspondent, in seinem Compendio oeconom. ruralis pag. 41 gedacht haben soll, Er sagt, sie werde im Frühjahr gesäet und trage erst im zweyten Sommer, zugleich mit dem gewöhnlichen Haber, eine reichliche Ernte. Dicitur, sagt er, in comitatu Arvensi *Ikrica*. Aber noch habe ich von diesem Haber keine andere Nachricht auftreiben können.

XXXII.

Anleitung zur Technologie, oder zur Kentniß der Handwerke, Fabriken und Manufacturen, vornehmlich derer, welche mit Landwirthschaft, Polizey und Cameralwissenschaft in nächster Verbindung stehn. Nebst Beyträgen zur Kunstgeschichte von J. Beckmann. Fünfte Ausgabe. Göttingen 1802. Zwey Alphab. in 8.

Kaum ist auch hier ein Abschnitt ohne Verbesserung und ohne wichtige Zusätze geblieben, die ich aber hier nicht anzeigen mag. Ueberall sind auch die neuern chemischen Be-

merkungen und Meynungen beygebracht und
benutzet worden. Von den neuern Maschinen, welche Arbeiten erleichtern sollen, sind
nur diejenigen genant worden, deren Nutz-
barkeit bereits durch Anwendung in Großen
erwiesen worden. Ich leugne gar nicht,
daß die Anzeige auch der noch nicht angewen-
deten Vorschläge nutzbar seyn würde, aber
ich durfte das Buch nicht noch mehr vergrö-
ßern und vertheuren. Oft habe ich dann
doch solche kurz genant. Die schon sonst
beygebrachte Geschichte der Künste, ist durch
manche Zusätze ergänzt worden. Z. B.
Seite 257 die Geschichte des Tobacks. Daß
diese Kleinigkeiten Beyfall erhalten haben,
darf ich auch daraus schliessen, daß sie von
vielen, gemeiniglich ohne Anzeige der Quellen, abgeschrieben sind. So finde ich viele
Artikel aus den ältern Ausgaben wörtlich
übersetzt in Monthly magazine 1800.
S. 52. 53. 38 u. f. Beträchtlich sind
die Verbesserungen im Abschnitte von der
Porzellankunst, wozu ich die Nachrichten
mühsam zusammengebracht habe. Noch
zahlreicher und wichtiger sind die Zusätze
im Abschnitte von der Messingbrennerey,
S. 546. Dabey habe ich einen schriftlichen
Aufsatz des sel. Obercommiss. Jac.
Schacht genutzet, welcher der Messing-
hütte zu Reher vom Jahre 1750 bis 1777
vor-

XXXII. vorgestanden hatte. Die Bekantschaft dieses praktischen Kenners verdanke ich meinem Freunde, dem Herrn Hofmed. Hansen in Hannover, der auch von dem H. Schacht die Versprechung erhielt, daß mir nach seinem Tode die Handschrift gegeben werden solte; welche Versprechung die Erben, vornehmlich auf das Zeugniß des Hrn. Hofmed. Hansen, zu erfüllen die Güte gehabt haben; welches ich auch S. 549 dankbarlich gerühmt habe. So wiederhole ich auch hier meinen Dank für die ausführliche und zuverlässige Nachricht von dem neuesten Zustande des Salzwerks in Lüneburg, welche mir Herr Salindirector Friedr. Aug. Seuff geschenkt hat. Man findet sie S. 676-680. Gelegentlich bitte ich den Anfang der ersten Anmerkung Seite 237 so zu lesen: die grüne Farbe wird der gemeinen Seife durch Indig, die schwarze durch grünen Vitriol und Galäpfel gegeben. — Nämlich man gießt zu der fertigen Seife ein alkalisches Decoct des Indigs, der freylich nicht in solcher Lauge ganz auflöslich ist, und deswegen größtentheils wieder weggeschüttet wird. Dieses hat mir noch neulich Herr Aeltermann Kuhlenkamp aus Bremen, dieser gelehrte und praktische Kenner mancher Künste, bestätigt.

XXXIII.

XXXIII.

Abbildung und Beschreibung einer Maschine zum geschwinden Einsümpfen der Braunkohlen von Heinr. Ernst. Leipzig 1802. 1½ Bog. in 4.

Die Arbeit, den Thon auf den Ziegelhütten, mit den Füßen zu kneten, ist für Menschen und Vieh so ungesund, daß schon einige darauf gedacht haben, sie durch Maschinen verrichten zu lassen. Diejenige, welche der B. vorschlägt, ist eine gereifte oder mit starken Stäben besetzte Walze, welche in einem kreisförmigen Sumpfe über dem Thone umgetrieben wird. Ich wage es nicht zu bestimmen, ob diese Walze auch den gewöhnlichen steifen Thon bezwingen oder genugsam durchkneten werde, wie es bey dem, was der B. Braunkohlenerde nennet, geschehen mag.

XXXIV.

XXXIV.

Abbildung und Beschreibung einer sehr vortheilhaften Buttermaschine von H. Ernst. Leipz. 1802. 3 Bogen in 4.

Weil dem Exemplare, welches ich erhalten habe, das Kupfer fehlt, so melde ich nur, daß der V. nach dem Rathe, den schon Garaye in seiner chemia hydraulica gegeben hat, einen Quirl angebracht hat.

XXXV.

Beschreibung einer Maschine, worauf man sich von Höhen sicher und bequem herunter lassen kan. Leipzig 1802. 2 Bogen in 4.

Die Hauptsache beruhet darauf, daß ein Strick dergestalt durch einen hölzernen Cylinder gezogen und um ihn gewickelt wird, daß das Gewicht des auf einem angehenkten Brette stehenden Menschen kaum die Friction des Strickes, welcher nachgelassen werden muß, überwinden kan. Der Strick muß an einem starken Haken, welcher am sichersten über den Fenstern angebracht wird, befestigt werden. Die Erfindung soll jemand in Schlesien gemacht haben.

XXXVI.

Abbildung und Beschreibung eines Streichtisches zu Braunkohlenziegeln. — — Von H. Ernst der Mechanik und Mühlenbaukunst Praktiker in Merseburg. Leipz. 1801. 2 Bogen in 4 und ¼ Bog. Kupfer.

Die Absicht der Erfindung ist, das Streichen oder Formen der Ziegel zu erleichtern und zu beschleunigen. Acht Mann sollen mit der hier angegebenen Vorrichtung täglich 12 bis 13000 Ziegel streichen; da auf die gewöhnliche Weise, durch 10 Mann, nur 8 bis 9000 gemacht werden können. Von der übrigen Bearbeitung der Braunkohlen ist hier nicht gehandelt worden.

Erstes Register

über die im ein und zwanzigsten Bande
angezeigten Schriften.

A

Abilgaard, Veiledning til en forbedret Faareavl. 268
Adams Tafeln zum cubischen Inhalt der Stämme 391
Anton Geschichte der teutschen Landwirthschaft. I. II. III. 483

B.

Bartolomeo Reise nach Ostindien 81
Beckmann Beyträge zur Geschichte der Erfindungen V. 1. 320
Beckmanni lexicon botanicum 428
Beckmann Anweisung Rechnungen kleiner Haushaltungen zu führen 593.
— Landwirthschaft 595.
— Technologie 597.
Begtrup Bemerkungen über die Englische Landwirthschaft. I. 555

Berghaus Versuch eines Lehrbuchs der Handlungswissenschaft 21
Berghaus Taschenbuch für Kaufleute 24
— der doppelte Buchhalter 25
Beust sächsische Provinzialblätter 89
Beyer theoretisch-praktische Baukentnisse 390
Bocris Unterweisung Rauch-und Schnupftobak zu verfertigen 115
Borowski Abriß des praktischen Cameral- und Finanzwesens 64
Brüggemann Beyträge zur Beschreibung des Herzogthums Pommern 226
v. Büffon Naturgeschichte der vierfüßigen

Erstes Register.

gen Thiere. XXI 436.
v. Büffon Naturgeschichte der Vögel. XXIX. 438.
v. Burgsdorf Forsthandbuch 94
— Versuch einer vollständigen Geschichte der Holzarten. II. 142

C.
Curtis Beschreibung des Seekohls 356
Cuviers elementarischer Entwurf der Naturgeschichte der Thiere 252

D.
Dietrich der Wintergärtner 257.
— die Linneischen Geranien 327
— Modeblumen 327
— der Apotheker-Garten 549
— Lexicon der Gärtnerey I. 581.
Dryander catalogus bibliothecae Banks. V. 255.

E.
Eiselen Anleitung zum Ziegelbrennen bey Torf. 584.
Esper icones fucorum. Abbildung der Tange 158

Evenstads von Sumpf- und Morast-Eisensteinen in Norwegen 299

F.
Fabricii systema eleutheratorum. I. 443
Fragoso Beschreibung aller Amalgamir- u. Schmelzarbeiten an der Halsbrücke 388
Franz Gedanken über die Gebrechen der Forstwirthschaft 435

G.
Gädicke Fabriken- und Manufakturen-Addreß-Lexicon. II. 52
Gatterer neues Forst-Archiv. VI. VII. 132 VIII 332
— Repertorium der mineralogischen Litteratur. II. 138
Geißler Auszüge aus den Transactionen zu Aufmunterung der Künste. III. 212
Gotthard die Cultur, Fabrikatur und Benutzung des Tobaks 494
von Griesheim Handbuch der grundsätzlichen Forstwirthschaft 240

H.

Erstes Register.

H.

Halle fortgesetzte Magie XII. 454.

von Harrach Schriften über Schafzucht 166.

Herbst Natursystem der Schmetterlinge. IX. X. 441

Harmstädt Grundriß der Färbekunst. 573.

Hinze Grundsätze des landwirthschaftlichen Rechnungswesens 127

— Auswahl einzelner Abhandlungen über Landwirthschaft, Polizey 359.

Hoffmann Beschreibung einer Wagenwinde 591.

J.

Jhring neuere Erfahrungen über die Behandlung der Wechsel 16

— Zinsrechnungs-Tabellen 444

Johnstons Abhandl. über das Austrocknen der Sümpfe 486.

Jordans Anweisung zum Brauen des Weißbiers 26

K.

Kerner Beyträge zur Kentniß der Waaren I. 323

Krämer Ideen zur Verbesserung der bürgerlichen Gewerbe 149

Krünitz Encyclopädie. LXXVII. LXXVIII. 105. LXXIX. 282 LXXXIII. 450.

— Auszug aus der Encyclopädie. XXI. 453

L.

Lacepede Naturgeschichte der Fische. I. 2. 316

Laspeyres fesine europaeae 330

Lasteyrie Abhandlung über das spanische Schafvieh 68

Laubender das Ganze der Rindviehpest 504

Lentin Briefe über die Insel Anglesea 180

Leonhardi Magazin für das Jagd- und Forstwesen 169

— Forst- und Jagd-Kalender 174

Linne fauna Suecica ed. Retzii 275

Löwe neuestes Magazin für Oekonomen u. Cameralisten. I. H. 34

— Annalen der schlesischen Landwirthschaft 351

von der Lühe Hym-
nus an Ceres 456.

M.

Malesherbes observa-
tions sur l'hist. na-
tur. de Buffon 284.
— Bemerkungen über
Büffons Naturge-
schichte 284.
Marshalls Beschrei-
bung der Landwirth-
schaft in Norfolk 526
— Beschreibung der
Landwirthschaft in
Yorkshire 529.
Medicus Berträge zur
Pflanzen-Anatomie.
III. IV. 117.
— Samlung kleiner
ökonomisch. Abhand-
lungen 562.
Meisner ökonomisches
Handlexicon 142.
Meyer Frachtbuch für
Kaufleute und Spe-
diteure 400.
— Wegweiser zur
Wahl eines Erwerb-
zweigs 580.
von Moll Jahrbücher
der Berg- und Hüt-
tenkunde. IV. 97.
216. V. 343.
— Annalen der Berg-
nud Hüttenkunde. I.
445.
Mollenhauer Waid-
und Schönfärber 579.

Moser Bemerkungen
auf einer forstmän-
nischen Reise 123.
Müller Unterricht
Braunsteinkohlen und
Torf in Kanonenöfen
zu brennen 399.
von Murr Beschrei-
bung der Merkwür-
digkeiten Nürnbergs
517.

N.

Nemnich Beschreibung
einer Reise nach Eng-
land 260.
— Waaren-Lexicon.
II. 403.
Neuenhahn Annalen
der Gärtnerey. 56.
301.
Niemann Blätter für
Polizey und Kultur
371.
— Miscellaneen histo-
rischen Inhalts zur
Kunde des Nordens.
379.

P.

Pallas Bemerkungen
auf einer Reise in die
südlichen Statthalter-
schaften. II. 461.
Paolino Reise nach
Ostindien 81.
Persoon observationes
mycologicae II. 455.

von

Erstes Register.

von Podewils Wirth-
schafts-Erfahrungen
I. 480. II. 564.
Pöppe Wörterbuch der
Uhrmacherkunst 198.
— Geschichte der Uhr-
macherkunst 383.

R.

Reichard der Passagier
auf der Reise in
Teutschland 405.
Resch der Bohnenbaum
341.
Rettberg Erfahrungen
üb. die Lagerstätte der
Steinkohlen, Braun-
kohlen u. Torfs 392.
von Richthofen Ent-
wurf einer Ackerbau-
Theorie 542.
Roselli Unterricht mit
Indigo und Persio zu
färben 339.
Roux Einfluß der Re-
gierung auf die Hand-
lung I. 535.
Rückert Abhandlung
über die Bestand-
theile der Acacia. 167
Rumpelt veterinarische
und ökonomische Mit-
theilung von einer
Reise 474.

S.

Schmidt Haushal-
tungs-Manual 222.
Schröters Erfahrun-
gen im Garten 590.

Schultes über Reisen
im Vaterlande 224.
Schumann Nachträge
zu Schedels Waaren-
lexicon 585.
— Waarenkunde I. 587
Silvestre: essai sur les
moyens de perfecti-
onner les arts, eco-
nomiques en France
551.
Simonde: tableau de
l'agriculture Tosca-
ne 508
Smiths Handbuch zur
Vertreibung schädli-
cher Thiere 195.
Steindels Bemerkun-
gen über Thäers eng-
lische Landwirthschaft
102.
Streiber über den Ge-
brauch des Persio 337

T.

Thäer Einleitung zur
Kentniß der engli-
schen Landwirthschaft
II. 1. 202.
Thunberg dissertation.
academicae II 155.
Titius neues Witten-
bergsches Wochen-
blatt 275.

U.

Uden Versuch über den
Koller der Pferde
309.

V.

Erstes Register.

V.

von Veltheim Samlung einiger Aufsätze 235.
Viborg veiledning til en forbedret Faareavl 268.
— Bidrag til en historisk Udsigt over Danmarks Hesteavl 270.
— Beskrivelse over de Aspe - og Pilearter 272.
Völkers Preisschrift, ob es rathsam die Meister eines Handwerks einzuschränken 572.
Voigt mineralogische Schriften II. 231.

W.

Wallenstein Flora Pannonica 162.
Weber Unterricht über die Saatbestellung 136.
— Grundsätze über die Abschaffung der Huth, Trift und Brache 151.
— von den Wirthschaften der Bauern 312.
— der ökonomische Samler I. II. 498.
Weiß Anweisung zum Frucht - Brandtewein-Brennen 417.
Westrumb Bemerkungen und Vorschläge für Bleicher 108.
Wiborg siehe Viborg.

Schriften
ungenanter Verfasser.

A.

Abhandlungen über Aegypten 303.
Annalen der schlesischen Landwirthschaft 351.

B.

Beschreibung einer Maschine, sich von Höhen herunter zu lassen 601.

Bibliothek, auserlesene ökonomische für Oesterreich 165.
Blätter für Polizey und Kultur 371.

E.

Encyclopaedia, or a dictionary of arts, sciences 1.

Ge-

Schriften ungenanter Verfasser.

Gedanken, freymüthige, über Holzmangel; von A–Z 433.
Geheimnisse, entdeckte, der moscowitischen, englischen, Lederbearbeitung 340.
Die Gemüse- u. Fruchtspeisenwärterinn 215.

H.
Handbuch der grundsätzlichen Forstwirthschaft 240.

J.
Journal für Fabrik, Manufactur, Handlung und Mode 187.

K.
Forst- und Jagd-Kalender 174.
Die Kunst Tabellen zu fertigen 522.

M.
The commercial and agriculcural magazine 412.
Mémoires sur l'Egypte 303.

O.
Oekonomische Gesellschaften:
Neuere und grössere Schriften der Leipziger ökonomischen Gesellschaft. I. 368.
Transactions of the society for the encouragement of arts. XIV-XVI. 44.
Auszüge aus den Transactionen der Societät zu London. III. 212.

R.
The repertory of arts and manufactures 54.

T.
Tafeln, worin der cubische Inhalt jeden Stammes ausgerechnet ist 391.

U.
Ueber den Gebrauch des Persio 337.
Ueber den Gebrauch des Firnis in der Mahlerey 387.

Zweytes Register
über die merkwürdigsten Sachen im ein und zwanzigsten Bande.

A.

Abtritte, Nutzung zur Düngung 509.
Abwässerung der Engeländer beschrieben 204.
Acacien ihr Anbau 132. chemisch untersucht 167.
Aecker, ihre Einschließung 361.
Ackerbau=Theorie, eine neu errichtete 542.
Afrika, dortige Mineralien 348.
Alkali, mineralisches, in Aegypten 307. in Ungarn 347.
Aloe, deren Gewinnung 156.
Amalgamirwerke, sächsische beschrieben 388
Amaryllis zu ziehen 258. 582.

Aemter=Beschreibung, ihr Nutzen 379.
Ampulle in Reims 521.
Anglesea beschrieben 180
Apothekerpflanzen zu bauen 549.
Armensteuer in England schadet 558.
Arrondirung der Landgüter ist nicht immer nutzbar 345.
Arundo donax dient zu Weinpfählen 515.
Asche, Untersuchung ihrer Bestandtheile 109 ihre Nutzung auf Alkali 145.
Assecuranz wider Viehseuchen 67. wider Brand 228. Assecuranz auf Ströhmen 264 wider Hagelschaden 314.
Augit am Vesuv 344.
Aurikeln zu ziehen 590.

B.

Zweytes Register.

B.

Backöfen, Gemeindebacköfen 336. 397.
Balistes, zahlreiche Arten dieser Gattung 318.
Bank, Hamburger, gab einmal einem Ausländer Rechnung 194.
Bankerot, Nationalbankerot 538.
Bast der Bäume, dessen Wachsthum 119.
Bäume wachsen auch im Winter 118. ihre Zergliederung 117.
Baumsamen einzusammeln 124.
Bäume zu fällen 334. Tabellen ihren Inhalt zu berechnen 391. 251.
Bauergüter, Bedenklichkeiten bey ihrer Verkleinerung 361.
Bauern, Fehler ihrer Landwirthschaft 312.
Baumwolle, verschiedene Arten in Ostindien 83. in England 266. Abbildungen der Pflanze 324. ihre Verfälschung mit Lamwolle 576.
Benzoe 157.
Berberitzen, ihr Samenstaub schadet 526

Berge, Höhe der höchsten 220.
Bergwerke sind in England nicht Regalien 181. Terminologie des Bergbaues 441.
Berlinerblau, natürliches 96.
Bernsteinfang, dessen Ertrag 227. Bernsteingräberey 234.
Bierbrauerey gelehrt 26. Polizey derselben 365.
Blanc de Troyes 191.
Blau, Sächsisches oder chemisches 579
Bleichen, Anleitung dazu 108. durch Wasserdämpfe 449.
Bleichen mit Erdarten statt Alkali 62. 111. mit Säuren 113.
Bleybleche zu gießen 496
Bleyweiß zu machen 213
Blumen, Gartenblumen, ihre Charakteristik 590.
Bohnenbaum 331. 341.
Baraffinerie 477.
Boretsch, wann diese Pflanze bekant geworden 322.
Borkenkäfer 176.
Botanische Namen erklärt 428.

Brand

Zweytes Register.

Brand des Getreides 499.
Brandassecuranz, wie viel der jährliche Beytrag sey 228 sich bey Brand zu retten 601.
Brantewein, dessen Verfälschung mit Terpentin 404. aus Bohnen 421. dessen Geschmack zu bessern 423
Branteweinbrennerey verbessert 398. 417. Gestalt, Grösse und Schwere der Branteweingeräthe 425. ihre Abnutzung zu berechnen 425.
Braunkohlen beschrieben 232.
Braupfanne verbessert 28. Braukessel, kupferne zum Abkühlen der Würze 29.
Briefe, kaufmännische 22.
Broihan zu brauen 26. 30
Brücken aus Eisenplatten 61.
Buchdruckergeschichte, Holsteinische 382.
Buchweitzen, dessen Nutzung 527.
Buffon, dessen Verdienste 288.
Büken bey dem Bleichen 109.

Buttermaschine, neue 601.

C.

Canderros, ein Gummi 404.
Candle coal' 233. 460.
Carbamomen 86.
Carneolus der Alten 238.
Cementkupfer zu nutzen 183.
Champignonbeete anzulegen 582.
Citronen, ihre Fruchtbarkeit 515.
Cochenille soll in Spanien gewonnen werden 576.
Colla, Leimstof des Mehls 32.
Colmate 509.
Colophonium zu machen 189.
Comblées 509.
Corduan zu machen 340.
Crambe maritima, auch tatarica, Nutzung dieser Pflanzen 358.
Crambe orientalis 470.
Crocodile, lebendige, nach England gebracht 413.
Cudbear, Persio 338. 404.
Culm, Steinkohlenklein 415.
Cyperus esculentus zu ziehen 258.

Cyti-

Zweytes Register.

Cytisus laburnum, empfohlen 133. 341.

D.

Dampfmaschine, ihre Geschichte 9 neueste Verbesserungen 10. Dampfmaschine zum Kochen 12. zum Dörren des Holzes 146. Dampfmaschinen in Holland 375.

Diamanten brauchten schon die alten Steinschneider 239.

Diamantenhandel 87.

Diamantspat dient zum Schleifen der Diamanten 87.

Dieberey, Gesellschaft zu ihrer Verhütung 557.

Digesters 503.

Dismembration der Landgüter 39. 380.

Dörfer, ihre beste Anlage 360.

Dreschscheune, bewegliche 210.

E.

Edelsteine, wo sie in Ostindien vorkommen 87.

Egge, neue 213.

Eichen, ihre mannigfaltige Nutzung 143. wie sie zu fällen 144.

Eichenpflanzungen, wie sie anzulegen 124.

Eier frisch zu erhalten 57.

Einschliessung der Aecker, ob nützlich 361.

Eisen, das älteste aus Moorsteinen 299.

Elephant, seine Zähne 354.

Englische Landwirthschaft, ihre Mängel 303. 556.

Enzian, ausgesäet von Wurzelweibern 285.

Equi vagi 491.

Erdsieb, ein neues 59.

F.

Fabriken schaden der Landwirthschaft 102.

Färbekunst gelehrt 573. 579.

Farben, echte zu machen 578.

Fauna der Römer 289.

Federvieh schadet in der Landwirthschaft 567.

Feilen zu hauen, Maschine 61.

Feimen, ihre Vortheile und Nachtheile 210.

Fermente, künstliche 422.

Feuersetzen, dessen Alter 234.

Feuerwerkerkunst beschrieben 7.

Findelhäuser, ihr Nutzen 372.

Firnisse, ihr Gebrauch in der Mahlerey 387.

Fische

Register

Fische zu versetzen oder einheimisch zu machen 319. gegrabene, wildes fossiles 347.
Fischteiche wider Eis zu sichern 355.
Flachsbau, dessen Vortheil berechnet 567.
– dessen beste Cultur 569
Flintensteine zu schlagen 180. 218. englische 404.
Flora der Römer und der Botaniker 280.
Frachtwesen, Frachtbuch 400.
Frankreich, jetziger Zustand der Gewerbe 554.
Franzosen, Krankheit des Rindviehes 476.
Frostableiter 314.
Fuchseisen, eine neue Art 173.

G.

Gährungsmittel 422.
Gänge der Bergwerke näher bestimt 217.
Galium aparine 531.
Gartenrecht erklärt 301. 500. Kunstgärtner haben keine Innung 501.
Gemählde auf neuen Grund zu tragen 47.
Gemeinde Backöfen 36
Gemeinheiten, ihre Aufhebung 65. 373.

Gemüse aufzubewahren 215.
Genotten sind Katzenfelle 177.
Germania abgebildet 327.
Gerste, auf Schafmist gewachsene taugt nicht zu Bier 30.
Gesindemangel, dessen Ursachen 274.
Getreide gepflanzt 526. 561.
Getraidpreise vieler Jahre 229. 484.
Getreidegruben in Toscana 517.
Gewächshäuser, Richtung ihrer Fenster 582.
Gewürznelken aus Guiana 45. 49. in Ostindien 157. von den Engländern angebaut 194.
Gin, eine Art Brantewein 404.
Gingan, baumwollene Zeuge 84.
Glashütten in Toscana 516.
Glockner, dessen Höhe 220. 350.
Glossopetra, die größte beschrieben 317.
Gobet, dessen Schicksale 294. 296.
Goldstaub der Malayen 190.
Gooseberry society 557
Groß

Großgärtner, beschrieben 219. dessen Höhe

Grit, sächsisches, zu Dächern 193.

Grund, Substitut desselben 57. dessen Verfälschung 577.

Gypsfelst in Teutschland, als Dünger gebraucht 560.

H.

Haber, eine zweijährige Art 596.

Handlung, Polizey derselben 535. Luxus und Bankerot der Kaufleute 541.

Handwerke, ihre Verbesserung 149. 580. Wandern der Handwerker 159. Verminderung, und Besoldung der Meister 572.

Hanf, Ägyptischer 418.

Hannibals Zersprengung der Alpen 235.

Harz, Lichter daraus zu machen 46. Harzscharren in Sachsen 91. am Harze 125.

Hasenfells aus der Krym 471.

Hasenmaulsalz, woraus es erhalten wird 156.

Hausenblase zu machen 319.

Haushaltungsordnungen 524. 503.

Häuser, verbiethen 365.

Häute des Viehes, ihr Werth 565.

Haven beschrieben 426.

Henna, Lawsonia 518.

Heiden, Lüneburgische und Holsteinische, verglichen 373.

Heu schnell einzusammeln 45.

Höfe, landwirthschaftliche, ihre Einrichtung in England. Vorschläge dazu 99.

Holcus sorgum 513.

Holz, dessen Anatomie 117. warum Bauholz jetzt schlechter ist 121. Anwendung des Nutzholzes 176. dessen cubischen Gehalt zu berechnen 251. 391.

Holzarten, ausländische 108.

Holzkohlen, mineralische, ihre Charakteristik 232.

Holzmangel, dessen Folgen 248. sey noch nicht zu fürchten 433.

Hordeum bulbosum 470.

Hörner des Viehes 533.

Hüt-

Viertes Register.

Hüttenwerke ſolten verpachtet werden 182.
Hunde, verwilderte 196
Hutgerechtigkeit aufzuheben 152.
Hyacinthen in Rüben zu ziehen 257.

J.

Jagdregal 172.
Jalappen zu ziehen 258.
Japaniren, Art zu lakiren 263.
Jena, wie viel Studenten dort im Duel erſtochen ſind 93.
India, deſſen Bereitung in Aegypten 304.
Infuſionsthiere, wie ſie entſtehen 255.
Ingwer in Teutſchland zu bauen 583.
Juden-Palmen 404.
Juften zu machen 340.
Jumars ſind Mauleſel 475.

K.

Käſe zu machen und aufzubewahren 414.
Kalender, Angelſächſiſcher 493.
Kamelwolle 471.
Kampherraffinerie 477.
Kaſtanien, ihre Nutzung 515.
Kattundruckerey, ihre Erfindung 83.
Kattunmanufacturen im Vogtlande 89.

Kaufleute, ihr Luxus 547.
Keffe kil, ein Volkerchen in der Krym. 464.
Kerſting, Nachricht von dieſem Vieharzte 476.
Ketten, gegoſſene 237.
Kienruß zu ſchwelen 125. 126.
Kinder, mehr weibliche in Indien 85.
Knopffabrike in Halle 191.
Kohl, Bardowiker, zu erziehen 302.
Kohlenbrennen am Harze 126.
Kokosnuß, maldiviſche 293.
Koller der Pferde 309.
Koppeljagd ſchadet weniger als Privatjagd 131.
Kreite, ihre Verarbeitung 191.
Krym, Beſchreibung dieſer Halbinſel 462.
Küchengewächſe, ihre Geſchichte 321.
Küher 533.
Küpe, Erklärung ihrer grünen Farbe 577.
Kupfer, Japaniſches zu machen 183.

L.

Zweytes Register.

L.

Lab zum gerinnen der Milch 528.
Lachen, bey heftigem Schrecken 346.
Lämmerfelle aus der Krim 471.
Landgeistliche, ihre Landwirthschaft 57.
Landgüter; große, schaden 102. 207. 377. woher ihr hoher Preis 355. 373. ihre Zerschlagung 380.
Landwirthschaft, ihre Geschichte 488. wie sie zu lehren 551.
Laubbrechen schadet 368.
Lauge zum Bleichen 110. die gebrauchte auf Potasche zu nutzen 112. 113. Lauge von Javelle 114.
Laurus cassia 86.
Law, Nachricht von ihm 88.
Lawsonia inermis 308.
Leder wasserdicht zu machen 56. 57. zu spalten 59. Lederbereitung gelehrt 340.
Leibeigenschaft vertheidiget 41. 42. 353. wie sie abzuschaffen sey 376. 379.
Leimstof des Mehls; colla 12.

Lerchenbaum; bessere Cultur 332. Schriften darüber 334.
Lichenes dienen zur Färberey 338.
Lichter aus Harz 46. aus Walrat 107.
Linsensteine, ihre Entstehung 465.
Lotto, dessen Betrug erwiesen 451. dessen Alter 520.
Lupinen nutzen zur Düngung 511. ihre Nutzung bey den Römischen Landwirthen 513.
Luxus mit inländischen Waaren schadet zuweilen 363.

M.

Malz, warum es nöthig sey 31. 32. Darrmalz 30. 397.
Malzsteuer der Engländer 27.
Mast in Waldungen 125.
Mauleseltjere, ihre Zeugung 436.
Mayer; Pfarrer zu Kupferzell 78.
Meerardser beschrieben 158.
Meerkohl, dessen Cultur und Nutzung 256.
Memnons Bildsäule 238.

Zweytes Register.

Messinggiesserey gelehrt 598.
Messingwerke in England 186.
Matallurgie, schon den rohen Völkern bekannt 291.
Mineralogische Litteratur 138.
Mirage 305.
Mistel zu verpflanzen 550.
Mörtel, alter, untersucht 531.
Mohn, wie zu vertilgen 526.
Monopolien sind oft nöthig 366.
Moore auszutrocknen 204.
Moorhirse, deren Nutzung 515.
Münze, alchemistische 141. Nothmünzen in England und Schweden 264. 531. Anzahl der Münzen in England 414.
Münzer, falsche in England 5.
Münzmaschine von Bolton erfunden 415.
Muscaten-Nuß, neue Art 156.

N.

Nachtwächter in Nürnberg 520.
Nadelbäume, ihre Samenumhüllung 563.
Natrum in Aegypten 307.
Naturgeschichte, systematische, ihre Nothwendigkeit 289.
Nelken, ihre Ausartung 50. neue Weise Ableger zu machen 302. 590.
Neptunes, kupferne Gefäße 186.
Netze zu weben 45. 214.
Neublau 404.
Nilschlamm untersucht 308.
Nürnberg, Beschreibung 517.

O.

Oasen in Afrika 308.
Obst aufzubewahren 215.
Oculus mundi war den Alten bekannt 239.
Oefen, verbesserte 395. 399. zu Steinkohlen 134.
Oehlbau in Toscana 514
Oehlmahlerey ihre Geschichte 387.
Ochsen, Gewicht der fettesten in England 410. Werth der Häute, des Fleisches, Talges 565.
Oliven einzumachen 514
Olla papiniana 502

Onychse

Zweytes Register

Onychse der Alten 238.
Opale in Afrika 349.
Opalus Nonii 348.
Opium in Europa zu gewinnen 46. 48. 213.
Orrery, deren Geschichte 404.

P.

Pachtanschläge, ihre Fehler 367. 559.
Pachtungen, große, in England 559.
Palmen zu Lauberhütten 404
Papiermacherey, chinesische 56. Papier zu versilbern 56. türkisches zu machen 58. Papier weisser zu machen 59. Papierverschwendung beym Toback 115.
Papiermühlen in Toscana 516.
Pappeln, die verschiedenen Arten 272.
Paragwatanrinde 577.
Parforcejagd in der Pfalz 134.
Pelzkleider, ihre Geschichte 320.
Persio, ein Pigment 337. 577.
Pest, dawider dient Oehl 308.
Pfarländereyen, wie sie zu nutzen 37.

Pfeiffenröhren, ihre Saftstöcke 497.
Pferde. Koller 309. wie sie auf Reisen zu warten 406. weißgebohrne 476.
Pferdezucht in Dänemark 270. 381. in Arabien 305.
Pflanzenabdrücke, ihre Geschichte 322.
Pflug der Tataren in der Krym 466.
Pfröpfe, Größe des Verbrauchs 566.
Pfropfen in der Wurzel 469.
Phasanen, ihre Erziehung 174.
Phasanenfang beschrieben 172.
Pickkohlen 232.
Pinus cembra beschrieben 563.
Pisces fossiles 347.
Plantae parasiticae zu ziehen 583.
Pochwerke, Geschichte ihrer Erfindung 325.
Pommern, statistisch beschrieben 227.
Porzellanmanufactur, Rudolstädter 234.
Posten, Geschichte der Englischen 6.
Potasche, ihre chemische Untersuchung 110.
Purchase 580.

Zweites Register.

Q.

Quarantaine wider die Pest, ihr Alter 374. Schriften darüb. 375.
Quercitronrinde, ihre Geschichte 59.

R.

Rasen zur Düngung 560
Ratze, norwegische, nach England gekommen 197
Rebhühner zu vermehren 179.
Rechnungswesen, landwirthschaftliches 127. 222. kleiner Haushaltungen 593.
Reichskleinodien 519.
Reisbau in Aegypten 308
Reisen, Anleitung dazu 405. 409. Reisekarten 409.
Renthier beschrieben 437
Repetiruhren, ihr Erfinder 386.
Rhöngebirge beschrieben 415
Rhus coriaria, Nutzung der Früchte 466.
Rindvieh, Kenzeichen der Racen an den Hörnern 533
Rindviehpest, Viehseuche 504.
Röthel, Rothstein, waher er kömt 90 Rothhülste zu machen 192.

Rosenöhl zu machen 57.
Rüben, ihre Nutzung in England 527 leiden von Raupen 527.
Rübenbau ist in Teutschland nicht so vortheilhaft als in England 103
Rumfordsche Speisung 371.

S.

Sabadilla 157.
Säemaschinen, ihr Nutzen 360
Sägespäne dienen stat Streues 369.
Saffiane, ihre Bereitung 472.
Saflor, dessen Kultur 550. Zurichtung in Aegypten 306.
Sal acetosellae, woraus es erhalten werde 156
Salpeter in Aegypten 304.
Salzburg Emigranten, ihre Geschichte 345.
Salzwerke in Bayern 98 zu Carlshafen 192. zu Lüneburg 599.
Samlungen, landwirthschaftliche 501.
Sardonychse der Alten 238.
Saugarten anzulegen 174.
Saugeschächte zur Entwässerung 206

Schafe

Zweytes Register

Schafe werden in Spanien nicht gemolken 73 auch nicht verschnitten 73 die bedeckten Schafe der Alten 78. Nachtheil des Melkens 567.
Schafzucht gelehrt 166.
Schäferey, ihr Ertrag berechnet 16. 103. 153 Spanische beschrieben 72. Sächsische 153. Dänische 382. in der Krym 471.
Schäferey-Servitute aufzuheben 562.
Schäferhunde in Spanien 74.
Schießpulver, dessen Alter 236. solches zu dörren 446
Schiefer zu Rechentafeln 91. 92.
Schiffbauholz beschrieben 143.
Schlamausbrüche 467.
Schlesische Landwirthschaft beschrieben 351.
Schmaragde in Ostindien 87
Schmarotzerpflanzen zu ziehen 583.
Schornsteine zu reinigen 45. 58. rauchende zu verhüten 393.
SchreibeKunst geschwind zu schreiben 12. 525.
Schrot zu gießen 52.
Schulden, Nationalschulden, ihr Nachtheil 538.
Schweine, chinesische 209.
Seidenraupenzucht in Toscana 510.
Seife aus Fischen 62. grüne und schwarze zu machen 590
Seifenlauge zu reinigen 60
Sesiae beschrieben 330.
Shawls aus Ziegenwolle 86. wie sie gewaschen werden 267.
Signale zur See beschrieben 8.
Sinai-Berg ist Porphyr 349.
Sklavenhandel der Engländer 266.
Smaragde waren den Alten unbekant 238. des Nero 239.
Smirgel, dessen alter Gebrauch 239.
Soda aus Atriplex laciniata 470.
Sodaseen in Ungarn 347.
Sonnenuhren, ihre Geschichte 384.
Spanischbraun, eine Erde 267.
Spargel im Winter zu ziehen 583.

Spar-

Zweytes Register.

Sparkstein, dessen Bestandtheile 221.
Spediteurs, ihre Pflichten 402.
Sperlinge abzuhalten 591.
Spiegelfabrike zu Hanover 191. Spiegel zu löthen 193.
Spinnen des Garns auf dem Rade und der Spindel 43.
Spinrad, neues 55.
Spinmaschinen, ihr Erfinder 265.
Spitzenknöppeln, dessen Geschichte 93. 191.
Stachelbeeren, sehr große 557
Ställe, ihre Bauart in England 209. ihre verschiedenen Arten 232. 233.
Stärkemacherey in Halle 190.
Stahl, Geschichte desselben 321.
Stalfutterung, ihre Vortheile 370. 566.
Steigeisen beschrieben 335.
Steinkohlen in Stubenöfen zu brauchen 131.
Stempelpapier in Dänemark 373.
Stereotypen sind teutsche Erfindung 459.
Stettin, hasiger Handel 229.
Stöcke der Bäume auszuroden 334.
Storchschnabel, Gerania, abgebildet 327.
Strauß, dessen Flügel 305.
Streurechen ist schädlich 368. 436.
Stricke, welche nicht gedrehet sind 416.
Stubb's anatomy of horses 477.
Stuten, ihre Trächtigkeit zu befördern 305.
Stutereyen, Dänische 271. Arabische 305. Französische 553.
Südersee auszuschöpfen 11.
Sümpfe auszutrocknen 205. 486.
Süße Speisen waren ehemals beliebter 321

T.

Tabellen zu entwerfen 130. 522.
Tafelschiefer, wo sie gebrochen werden 91.
Tange, Meergräser beschrieben 158.
Tartuffeln, ihre Geschichte 7. ihre Krankheit 532. Vergleichung gegen Getreide 565.

Zweytes Register.

Taxation der Waldungen 147. des schlagbaren Holzes 175.
Telegraphen, ihre Geschichte 12.
Telliamed, dessen wahrer Namen 291.
Terpentinöhl zu machen 188.
Thiere, fabelhafte der Alten, woher sie entstanden 290.
Thierpflanzen, ihre Entdeckung 293.
Tobak, türkischer 468.
Tobakbereitung gelehrt 115. 494. Tobakkutschen 485.
Torf, dessen Gebrauch bey Roheisen 221. zum Ziegelbrennen 584. niederländische Zubereitung 375.
Toscana, dortige Landwirthschaft 508.
Torfkrumen zu nutzen 585.
Trifolium flexuosum 562. incarnatum 513
Triftgerechtigkeit aufzuheben 154.
Tschirner, dessen Landwirthschaft 38.

U.

Uhr, neue Hemmung 49. hölzerne Uhren im Schwarzwalde 188.
Uhrmacherkunst gelehrt 198. ihre Geschichte 383.
Unkräuter zu vertilgen 526. 531.

V.

Valuter in Schweden 265. in England 531.
Versteinerungen, Definition derselben 293.
Verzinnung, neue 57.
Vesuv beschrieben 344.
Vieharzneyschüle in Kopenhagen 381. in Frankreich 478. in Hannover 479.
Vitriolwerk beschrieben 348.

W.

Waarenkunde, Anleitung dazu 586. 587.
Wachsbleichen im Hannöverschen 189.
Wagenwinde, eine neue Art 591.
Wald. Werningerobische Eintheilung in Decennia 133. Taxation der Waldungen 147. Waldinsecten 173. Taxation des schlagbar. Holzes 175 Eintheilung der Waldungen 242. Waldbrände beschrieben 335.

Zweytes Register.

335. ſind oft Selbſt-
entzündungen 330.
Wändern der Handwer-
ker 150. 366.
Wäſſerung d. Aecker 508.
Waſſervögel, ihre Nah-
rung 438.
Waſſeruhren der Alten
384
Weberſtuhl, einmän-
niger zu breiten Tü-
chern 13.
Wechſelcurs, hoher
und niedriger, er-
klärt 18.
Wechſelweſen beſchrie-
ben 17. Wechſel auf
eigene Ordre 19. vt retro
20. Wechſelord-
nung, Preuſſiſche 21.
Wedgwoods Töpfe-
rey 61.
Weiden, ſalices, be-
ſchrieben 272. Korb-
weiden aus Teutſch-
land nach Dänemark
verſchickt 273.
Weinbau in der Krym
169. in Toscana 514.
Weinſteinſäure zu ma-
chen 576.
Weitzen, türkiſcher; em-
pfohlen 390. wird ge-
droſchen 513. wird
gepflanzet 526. 561.
Wermuth wächſt auf
Kirchhöfen 272. deſ-
ſen Nutzung 275.

Wetzſteine, woher ſie
kommen 93.
Widmuthen der Geiſtli-
chen 37.
Wild, ob es ganz aus-
zurotten ſey 178.
Wildſteuer 178. war-
um jetzt das Wild
mehr ſchadet 178.
Wildſtand, deſſen
Größe berechnet 179.
244.
Wolle, Arten der ſpa-
niſchen 72. 75. wie
die feinſte zu erhalten
ſey 77. Ertrag der
Sächſiſchen 153. wie
ihr Preis geſtiegen
229. Jütländiſche und
Eiberſtädtiſche 269.
Sortiren der Wolle
270. Wolle aus Thi-
bet 413.
Wucher, was er ſey
365. Schriften dar-
über 366.

Z.

Zehnten unſchädlich zu
machen 364. 372.
Zerſchlaagung der Güter
beſchrieben 380. 39.
Zieferblätter zu Uhren
von Email 201.
Zieferhammer 251.
Ziegelbrennereyen an der
Oſtee 2.1. Ziegelöfen,
engliſche 197. Ziegel-
brennen bey Torf 583.

Ma-

Zweytes Register.

Maschine, Ziegel aus Braunkohlen zu streichen 602.
Zimt in Westindien 49. Malabarischer 86.
Zins=Rechnungen in Tabellen 444.
Zucker, rohen zu reinigen 60. die älteste Zubereitung 80. aus Rüben 453.

Zusatz zum ersten Register.

Ernst Abbildung einer Maschine zum Einsümpfen der Braunkohlen 600.
Ernst Abbildung einer Buttermaschine 601.
— Abbildung eines Streichtisches zu Braunkohlenziegeln 602.